四川省工程建设地方标准

四川省建设工程造价技术经济指标
采集与发布标准

The collection and publication standard for technical and
economic indicators of construction project in Sichuan Province

DBJ51/T 096 – 2018

主编部门： 四 川 省 住 房 和 城 乡 建 设 厅
批准部门： 四 川 省 住 房 和 城 乡 建 设 厅
施行日期： 2 0 1 8 年 1 0 月 1 日

西南交通大学出版社

2018 成都

图书在版编目（CIP）数据

四川省建设工程造价技术经济指标采集与发布标准 /
四川省建设工程造价管理总站，成都鹏业软件股份有限公
司主编. 一成都：西南交通大学出版社，2018.8（2019.1 重印）

（四川省工程建设地方标准）
ISBN 978-7-5643-6326-0

Ⅰ. ①四… Ⅱ. ①四… ②成… Ⅲ. ①建筑造价管理
– 技术经济指标 – 地方标准 – 四川 Ⅳ. ①TU723.31-65

中国版本图书馆 CIP 数据核字（2018）第 180227 号

四川省工程建设地方标准

四川省建设工程造价技术经济指标采集与发布标准

主编单位　四川省建设工程造价管理总站
成都鹏业软件股份有限公司

责 任 编 辑	姜锡伟
封 面 设 计	原谋书装
出 版 发 行	西南交通大学出版社 （四川省成都市二环路北一段 111 号 西南交通大学创新大厦 21 楼）
发行部电话	028-87600564　028-87600533
邮 政 编 码	610031
网　　　址	http：//www.xnjdcbs.com
印　　　刷	成都蜀通印务有限责任公司
成 品 尺 寸	140 mm×203 mm
印　　　张	12.125
字　　　数	310 千
版　　　次	2018 年 8 月第 1 版
印　　　次	2019 年 1 月第 2 次
书　　　号	ISBN 978-7-5643-6326-0
定　　　价	65.00 元

关于发布工程建设地方标准
《四川省建设工程造价技术经济指标
采集与发布标准》的通知

川建标发〔2018〕528 号

各市州及扩权试点县住房城乡建设行政主管部门，各有关单位：

由四川省建设工程造价管理总站和成都鹏业软件股份有限公司主编的《四川省建设工程造价技术经济指标采集与发布标准》已经我厅组织专家审查通过，现批准为四川省推荐性工程建设地方标准，编号为：DBJ51/T 096-2018，自 2018 年 10 月 1 日起在全省实施。

该标准由四川省住房和城乡建设厅负责管理，四川省建设工程造价管理总站负责技术内容解释。

四川省住房和城乡建设厅

2018 年 6 月 22 日

前　言

根据四川省住房和城乡建设厅《关于下达四川省工程建设地方标准〈四川省建设工程造价技术经济指标采集与发布标准〉编制计划的通知》（川建标发〔2015〕727号文）的要求，本标准由四川省建设工程造价管理总站、成都鹏业软件股份有限公司会同有关单位共同编制完成。

标准编制组经广泛调查研究，认真总结实践经验，参考有关国际和国内先进标准，并在广泛征求意见的基础上，制定本标准。

本标准内容共分9章和11个附录，主要内容包括：总则、术语、基本规定、工程类别及工程概况、工程专业、工程特征描述、工程技术经济指标、工程造价技术经济指标采集、工程造价技术经济指标发布。

本标准由四川省住房和城乡建设厅负责管理，四川省建设工程造价管理总站负责具体技术内容的解释。执行过程中如有意见和建议，请寄送至四川省建设工程造价管理总站（地址：成都市星辉东路8号；邮政编码：610081；电话：028-83373994；传真：028-83335111），以便修订时参考。

主编单位：四川省建设工程造价管理总站

　　　　　成都鹏业软件股份有限公司

参编单位：成都市建设工程造价管理站

　　　　　中国建筑西南设计研究院有限公司

中国建筑西南勘察设计研究院有限公司

四川华信工程造价咨询事务所有限责任公司

四川省工业设备安装公司

四川省第六建筑有限公司

四川省建筑机械化工程公司

广联达科技股份有限公司

四川锦瑞青山科技有限公司

四川省宏业建设软件有限责任公司

参加单位：四川华西集团有限公司

成都市大匠通科技有限公司

主要起草人：　王　飞　　张宗辉　　程万里　　夏永安

胡元琳　　包　宏　　雷春林　　张　鹏

梁　俊　　唐世进　　龚万伦　　王海明

刘　洪　　袁春林　　王继春　　寇　炀

林贞蓉　　熊　楠　　罗　杰　　李志奎

谢　伟　　王俊科　　陈　文　　郭　蓉

杨定坤　　古　敏　　李朝燕　　王　燕

刘幸兴　　苏　林　　白　锋　　何曹庆蕊

杨永春　　汤明松

主要审查人：　吕逸实　　齐胜魁　　谭尊友　　黄　莉

黄　莹　　刘　波　　黄建军

目　次

7

9

Contents

1 总　则

1.0.1 为建立科学的、全面的、适用的建设工程造价技术经济指标采集与发布体系，实现建设工程造价数据资源的科学积累和有效利用，突破数据积累交换障碍，规范建设工程造价技术经济指标的基础数据采集内容和发布格式，更全面、系统、科学地采集、整理和发布工程造价数据，确保建设工程造价技术经济指标的科学性、客观性和全面性，加强建设工程造价技术经济指标对政府有关部门、建筑市场各方主体提供的指导和服务作用，实现资源共享，制定本标准。

1.0.2 本标准适用于四川省行政区域内的房屋建筑和市政基础设施工程造价技术经济指标的采集和发布及相关软件系统的开发和应用。

1.0.3 本标准的数据收集对象为建设项目及其包含的单项工程、单位工程，工程造价技术经济指标数据是以单位工程为基础分析、表现的工程造价指标。

1.0.4 四川省行政区域内工程造价技术经济指标的采集与发布应用除符合本标准外，尚应符合国家及四川省现行有关标准的规定。

2 术 语

2.0.1 工程规模 project scale

根据工程类型的特征进行描述的建筑面积、占地面积、体积、长度、宽度等具体数值及计量单位。

2.0.2 技术经济指标 technical-economic indicator

一个工程规模的工程造价、工程数量、材料用量、装配率等具体数值或费用组成占比。

2.0.3 工程造价构成指标 construction cost index

以单位工程为对象，以一个工程规模的单位，反映单位工程中的分部分项费用及措施项目费用组成的造价构成指标，同时也反映单位工程中人工费、材料和工程设备费、施工机具使用费、企业管理费、利润等费用组成的单位构成指标和占比指标。

2.0.4 分部工程造价指标 division project cost index

以分部工程为对象，反映主要分部工程的单位造价指标、费用占比指标。

2.0.5 工程量指标 the index of quantities

构成单位工程的主要构件或要素，以一个工程规模为单位，反映计量单位的工程数量，包括钢筋、混凝土、模板等工程量以及按建设项目用途统计分析的地面、天棚、内墙、外墙等装饰工程的单方工程量指标。

2.0.6 材料用量指标 material consumption index

单位工程的主要材料构成，以一个工程规模为单位，反映计量单位的材料消耗数量，包括钢筋、水泥、商品混凝土等主要材料消耗量指标。

2. 0. 7 装配率 prefabrication ratio

单体建筑室外地坪以上的主体结构、围护墙和内隔墙、装修和设备管线等采用预制部品部件的综合比例。

2. 0. 8 XML 标记语言 extensible markup language

一种可扩展的标记语言，是一种应用之间交换结构化数据的开放式有效机制，即 XML 能够在不同的用户和程序之间交换数据，而不论其平台如何。

3 基本规定

3.0.1 工程地点按四川省的行政区域划分，编码应符合我国县级及以上行政区划编码规定，按现行国家标准《中华人民共和国行政区划代码》GB/T 2260 的相应数字码执行。

3.0.2 本标准适用的工程计价方式为清单计价或定额计价。

3.0.3 本标准适用的工程造价数据类型包括设计概算、施工图预算、招标控制价、投标报价、合同价格、竣工结算，应按本标准附录 A 的规定描述编码。

3.0.4 计算精度应符合下列规定：

    1 工程造价构成指标及分部工程造价指标应保留小数点后两位，第三位小数四舍五入；

    2 占比应保留小数点后四位，第五位小数四舍五入后转换为百分比；

    3 工程量指标应保留小数点后三位，第四位小数四舍五入；

    4 材料用量指标应保留小数点后三位，第四位小数四舍五入。

3.0.5 工程造价构成指标应符合国家清单计价、计量规范和四川省清单计价定额，以及建筑安装工程费用项目组成的要求，并符合下列规定：

    1 工程造价构成指标应对编码、费用名称、金额、造价指标、占比进行描述；

    2 工程造价构成指标应通过各单位工程的费用构成进行分析；

3 金额应为当前层级的费用金额，以百分比表示；

4 单方造价应按建设项目结构分别计算，单位应按建设项目、单项工程、单位工程的工程规模分别描述；

5 占比应是费用占当前层级总金额的比重，以百分比表示。

3.0.6 本标准附录 C、附录 E 的描述方式及内容规定了具体单位的，应以规定的格式描述。

3.0.7 本标准的指标数据应根据工程实际情况对工程概况、工程造价技术经济指标、工程特征、分部工程造价指标、主要工程量指标、主要材料消耗量指标的项目及内容进行描述。

4 工程类别及工程概况

4.1 一般规定

4.1.1 工程类别是单项工程或单位工程的工程类型的区别，同一个建设项目的单项工程或单位工程应根据工程实际情况描述不同的工程类别，应按本标准附录 B 的规定描述编码。

4.1.2 工程概况宜根据工程实际情况列出编码、概况名称、内容，并符合下列规定：

    1 编码和名称应按本标准附录 C 规定的编码、概况名称执行；

    2 内容应按本标准附录 C 规定的描述方式及内容规定的格式，宜参照描述示例进行描述；

    3 有多种概况内容的，应以分号分隔；

    4 以组成或构成的方式描述概况的，应遵循从左至右、从上至下的方式描述，以加号分隔。

4.1.3 装配式建筑工程，应对装配的结构形式及装配率进行描述。

4.2 工程类别

4.2.1 工程类别应按建设工程使用功能分为房屋建筑工程、仿古建筑工程、市政工程、园林绿化工程、构筑物工程、建筑总平工程、城市轨道交通工程、爆破工程。

4.2.2 本标准单项工程的工程类别划分及对编码的描述，应符合本标准附录 B 工程类别的规定。

4.3 工程概况

4.3.1 工程概况应描述建设项目及其包含的单项工程的基本情况。

4.3.2 建设项目概况描述应符合本标准附录 C 第 C.0.1 条的规定，单项工程的概况描述也可按本标准附录 C 第 C.0.1 条的规定描述。

4.3.3 无单项工程划分的，单位工程应按单项工程概况描述。

4.3.4 房屋建筑工程概况宜采用本标准附录 C 第 C.0.2 条的规定描述。

4.3.5 仿古建筑工程概况宜采用本标准附录 C 第 C.0.3 条的规定描述。

4.3.6 市政园林工程分为市政道路工程、桥涵工程、河堤挡墙工程、隧道及地下通道工程、综合管廊工程、管网工程、供水厂工程、污水处理厂工程、生活垃圾处理厂工程、市政路灯工程、交安工程、海绵城市建设工程、公园工程、广场工程、交通干道类绿化工程概况，应按下列规定描述：

    1 市政道路工程概况宜采用本标准附录 C 第 C.0.4 条的规定描述；

    2 桥涵工程概况宜采用本标准附录 C 第 C.0.5 条的规定描述；

3 河堤挡墙工程概况宜采用本标准附录C第C.0.6条的规定描述；

4 隧道及地下通道工程概况宜采用本标准附录C第C.0.7条的规定描述；

5 城市地下综合管廊工程概况宜采用本标准附录C第C.0.8条的规定描述；

6 管网工程概况宜采用本标准附录 C 第 C.0.9 条的规定描述；

7 供水厂工程概况宜采用本标准附录C第C.0.10条的规定描述；

8 污水处理厂工程概况宜采用本标准附录C第C.0.11条的规定描述；

9 生活垃圾处理厂工程概况宜采用本标准附录C第C.0.12条的规定描述；

10 市政路灯工程概况宜采用本标准附录C第C.0.13条的规定描述；

11 交安工程概况宜采用本标准附录C第C.0.14条的规定描述；

12 海绵城市建设工程概况宜采用本标准附录C第C.0.19条的规定描述；

13 公园、广场、交通干道类绿化工程概况宜采用本标准附录C第C.0.15条的规定描述。

4.3.7 建筑总平工程概况宜采用本标准附录C第C.0.15条的规定描述。

4.3.8 构筑物工程概况宜采用本标准附录 C 第 C.0.16 条的规定描述。

4.3.9 城市轨道交通工程概况宜采用本标准附录 C 第 C.0.17 条的规定描述。

4.3.10 爆破工程概况宜采用本标准附录 C 第 C.0.18 条的规定描述。

5 工程专业

5.1 一般规定

5.1.1 工程专业应分为房屋建筑与装饰工程、仿古建筑工程、通用安装工程、市政工程、园林绿化工程、构筑物工程、城市轨道交通工程、房屋建筑维修与加固工程、爆破工程、城市地下综合管廊工程、海绵城市建设工程。

5.1.2 本标准单位工程描述的专业类别编码,应按本标准附录 D 规定的编码执行。

5.2 工程专业划分

5.2.1 房屋建筑与装饰工程应分为建筑工程和装饰工程。

5.2.2 仿古建筑工程应分为仿古建筑工程和仿古装饰工程。

5.2.3 通用安装工程应分为机械设备安装工程、热力设备安装工程、静置设备与工艺金属结构制作安装工程、电气工程、建筑智能化安装工程、自动化控制仪表安装工程、通风空调工程、工业管道工程、消防工程、给排水工程、采暖工程、燃气工程、医疗气体工程、电梯工程。

5.2.4 市政工程应分为道路工程、桥梁工程、隧道工程、供水管网工程、排水管网工程、燃气管网工程、路灯工程、交安工程。

5.2.5 园林绿化工程应分为绿化工程、园路园桥工程、园林景观工程。

5.2.6 构筑物工程应分为构筑物建筑工程、构筑物装饰工程。

5.2.7 城市轨道交通工程应分为车站工程、区间工程、轨道工程、车辆基地工程、系统工程。

5.2.8 房屋建筑维修与加固工程应分为结构加固工程、装饰维修工程。

6 工程特征描述

6.1 一般规定

6.1.1 工程特征描述应根据单位工程的工程专业类别，按本标准附录 E 的规定描述特征名称、特征内容，并符合下列规定：

1 描述的特征应符合描述方式及内容的规定；

2 宜按工程采用的主要类型、材质、规格等内容描述特征内容；

3 有多种特征的，应以分号分隔；

4 以做法或构成形式描述特征的，应遵循从左至右、从上至下的方式描述，以加号分隔。

6.1.2 工程特征宜对反映工程主要特点的特征项目进行描述。

6.1.3 本标准附录 E 未明确描述方式及内容的，应按工程特征名称所表述的含义进行描述。

6.2 房屋建筑与装饰工程特征及描述

6.2.1 房屋建筑工程特征可分为土石方工程特征、建筑工程特征、装饰工程特征、拆除特征、措施项目特征。

6.2.2 描述的房屋建筑工程特征，应按本标准附录 E 第 E.0.1 条、第 E.0.2 条、第 E.0.3 条、第 E.0.37 条、第 E.0.38 条规定的特征描述。

6.3 仿古建筑工程特征及描述

6.3.1 仿古建筑工程特征可分为土石方工程特征、仿古建筑工程特征、仿古装饰工程特征、拆除特征、措施项目特征。

6.3.2 描述的仿古建筑工程特征,应按本标准附录 E 第 E.0.1 条、第 E.0.4 条、第 E.0.5 条、第 E.0.37 条、第 E.0.38 条规定的特征描述。

6.4 安装工程特征及描述

6.4.1 安装工程特征可分为机械设备安装工程特征、热力设备安装工程特征、静置设备与工艺金属结构制作安装工程特征、电气工程特征、建筑智能化安装工程特征、自动化控制仪表安装工程特征、通风空调工程特征、工业管道工程特征、消防工程特征、给排水工程特征、采暖工程特征、燃气工程特征、医疗气体工程特征、电梯工程特征、拆除特征、措施项目特征。

6.4.2 描述的安装工程特征,应按本标准附录 E 第 E.0.6 条、第 E.0.7 条、第 E.0.8 条、第 E.0.9 条、第 E.0.10 条、第 E.0.11 条、第 E.0.12 条、第 E.0.13 条、第 E.0.14 条、第 E.0.15 条、第 E.0.16 条、第 E.0.17 条、第 E.0.37 条、第 E.0.38 条规定的特征描述。

6.5 市政工程特征及描述

6.5.1 市政工程特征应分为土石方工程特征、道路工程特征、桥梁工程特征、隧道工程特征、供水管网工程特征、排水管网工程特征、燃气管网工程特征、路灯工程特征、交安工程特征、拆除特征、措施项目特征。

6.5.2 描述的市政工程特征，应按本标准附录 E 第 E.0.1 条、第 E.0.18 条、第 E.0.19 条、第 E.0.20 条、第 E.0.21 条、第 E.0.22 条、第 E.0.23 条、第 E.0.24 条、第 E.0.25 条、第 E.0.37 条、第 E.0.38 条规定的特征描述。

6.6 园林绿化工程特征及描述

6.6.1 园林绿化工程特征应分为绿化工程特征、园路园桥工程特征、园林景观工程特征、拆除特征、措施项目特征。

6.6.2 描述的园林绿化工程特征，应按本标准附录 E 第 E.0.26 条、第 E.0.27 条、第 E.0.28 条、第 E.0.37 条、第 E.0.38 条规定的特征描述。

6.7 构筑物工程特征及描述

6.7.1 构筑物工程特征应分为土石方工程特征、构筑物建筑工程特征、构筑物装饰工程特征、拆除特征、措施项目特征。

6.7.2 描述的构筑物工程特征，应按本标准附录 E 第 E.0.1 条、第 E.0.2 条、第 E.0.3 条、第 E.0.37 条、第 E.0.38 条规定的特征描述。

6.8 城市轨道交通工程特征及描述

6.8.1 城市轨道交通工程特征应分为土石方工程特征、车站工程特征、区间工程特征、轨道工程特征、车辆基地工程特征、系统工程特征、拆除特征、措施项目特征。

6.8.2 描述的城市轨道交通工程特征，应按本标准附录 E 第 E.0.1 条、第 E.0.2 条、第 E.0.3 条、第 E.0.29 条、第 E.0.30 条、第 E.0.31 条、第 E.0.32 条、第 E.0.37 条、第 E.0.38 条规定的特征描述。

6.9 房屋建筑维修与加固工程特征及描述

6.9.1 房屋建筑维修与加固工程特征应分为土石方工程特征、结构加固工程特征、装饰装修工程特征、拆除特征、措施项目特征。

6.9.2 描述的房屋建筑维修与加固工程特征，应按本标准附录 E 第 E.0.1 条、第 E.0.33 条、第 E.0.34 条、第 E.0.37 条、第 E.0.38 条规定的特征描述。

6.10 爆破工程特征及描述

6.10.1 爆破工程应对爆破特征进行描述。

6.10.2 描述的爆破工程特征，应按本标准附录 E 第 E.0.35 条规定的特征描述。

6.11 城市地下综合管廊工程特征及描述

6.11.1 城市地下综合管廊工程特征应分为土石方工程特征、建筑工程特征、装饰工程特征、安装工程特征、措施项目特征。

6.11.2 描述的城市地下综合管廊工程特征，应按本标准 6.4 节

的规定及本标准附录 E 第 E.0.1 条、第 E.0.2 条、第 E.0.3 条、第
E.0.20 条、第 E.0.38 条规定的特征描述。

6.12　海绵城市建设工程特征及描述

6.12.1　海绵城市建设工程特征应分为土石方工程特征、管网及
沟渠工程特征、雨水调蓄工程特征、铺装工程特征、环境绿化工
程特征、措施项目特征。

6.12.2　描述的海绵城市建设工程特征，应按本标准附录 E 第
E.0.1 条、第 E.0.36 条、第 E.0.38 条规定的特征描述。

7 工程技术经济指标

7.1 一般规定

7.1.1 工程技术经济指标应包括分部工程造价指标、主要工程量指标、主要材料消耗量指标。

7.1.2 主要材料消耗量指标应依据本标准附录 K 规定的类别名称，对材料消耗量指标类别进行划分。

7.2 房屋建筑与装饰工程技术经济指标

7.2.1 房屋建筑工程分部工程造价指标单位为元/m^2，应按本标准附录 G 第 G.0.1 条的规定描述。

7.2.2 房屋建筑工程主要工程量指标单位应为 m^2，应按本标准附录 H 第 H.0.1 条的规定描述。

7.2.3 房屋建筑工程主要材料消耗量指标单位为 m^2，应按本标准附录 J 第 J.0.1 条的规定描述。

7.3 仿古建筑工程技术经济指标

7.3.1 仿古建筑工程分部工程造价指标单位为元/m^2，应按本标准附录 G 第 G.0.2 条的规定描述。

7.3.2 仿古建筑工程主要工程量指标单位应为 m^2，应按本标准附录 H 第 H.0.2 条的规定描述。

7.3.3 仿古建筑工程主要材料消耗量指标单位应为 m^2，应按本标准附录 J 第 J.0.2 条的规定描述。

7.3.4 仿古建筑工程涉及的安装工程、绿化工程、爆破工程技术经济指标应按本标准第 7.4 节、第 7.6 节、第 7.10 节的规定描述。

7.4 安装工程技术经济指标

7.4.1 安装工程分部工程造价指标单位为元/m^2、元/t、元/MW或元/m，应按本标准附录 G 第 G.0.3 条至第 G.0.16 条的规定描述。

7.4.2 安装工程主要工程量指标应符合下列规定：

 1 工程专业为机械设备安装工程的，工程量指标单位应为 t；

 2 工程专业为工业管道工程的，工程量指标单位应为 m；

 3 其他工程专业的，工程量指标单位应为 m^2；

 4 主要工程量指标，应按本标准附录 H 第 H.0.3 条至第 H.0.16 条的规定描述。

7.4.3 安装工程主要材料消耗量指标应符合下列规定：

 1 工程专业为工业管道工程的，用量指标单位应为 m；

 2 其他工程专业的，工程量指标单位应为 m^2；

 3 主要材料消耗量指标，应按本标准附录 J 第 J.0.3 条至第 J.0.14 条的规定描述。

7.5 市政工程技术经济指标

7.5.1 市政工程分部工程造价指标单位为元/m、元/m^2 或元/万吨，应按本标准附录 G 第 G.0.17 条的规定描述。

7.5.2 市政工程主要工程量指标应符合下列规定：

1 工程类别为市政道路工程、桥涵工程、隧道及地下通道的，工程量指标单位应为 m 或 m²；

2 工程类别为市政河堤挡墙工程、管网工程、市政路灯工程、交安工程的，工程量指标单位应为 m；

3 工程类别为供水厂工程、污水处理厂工程、生活垃圾处理工程的，工程量指标单位应为万吨；

4 主要工程量指标，应按本标准附录 H 第 H.0.17 条的规定描述。

7.5.3 市政工程主要材料消耗量指标应符合下列规定：

1 工程类别为市政道路工程、桥涵工程、隧道及地下通道的，用量指标单位应为 m 或 m²；

2 工程类别为河堤挡墙工程、管网工程、市政路灯工程、交安工程的，用量指标单位应为 m；

3 工程类别为供水厂工程、污水处理厂工程、生活垃圾处理工程的，用量指标单位应为万吨；

4 主要材料消耗量指标，应按本标准附录 J 第 J.0.15 条的规定描述。

7.6 园林绿化工程技术经济指标

7.6.1 园林绿化工程分部工程造价指标单位为元/m 或元/m²，应按本标准附录 G 第 G.0.18 条的规定描述。

7.6.2 园林绿化工程主要工程量指标描述应符合下列规定：

1 工程类别为公园、广场等的，工程量指标单位应为 m^2；

2 工程类别为交通干道类绿化的，工程量指标单位应为 m；

3 工程主要工程量指标，应按本标准附录 H 第 H.0.18 条的规定描述。

7.6.3 园林绿化工程主要材料消耗量指标应符合下列规定：

1 工程类别为公园、广场的，主要材料消耗量指标单位应为 m^2；

2 工程类别为交通干道类绿化的，主要材料消耗量指标单位应为 m；

3 主要材料消耗量指标，应按本标准附录 J 第 J.0.16 条的规定描述。

7.6.4 园林绿化工程涉及的建筑物及设施，宜按本标准第 7.2 节、第 7.3 节、第 7.4 节、第 7.5 节的规定描述。

7.7 构筑物工程技术经济指标

7.7.1 构筑物工程分部工程造价指标单位为元/m，应按本标准附录 G 第 G.0.19 条的规定描述。

7.7.2 构筑物工程主要工程量指标单位应为 m，应按本标准附录 H 第 H.0.19 条的规定描述。

7.7.3 构筑物工程主要材料消耗量指标单位应为 m，应按本标准附录 J 第 J.0.17 条的规定描述。

7.8 城市轨道交通工程技术经济指标

7.8.1 城市轨道交通工程分部工程造价指标，应按本标准附录 G 第 G.0.20 条的规定描述。

7.8.2 城市轨道交通工程主要工程量指标描述应符合下列规定：

    1 工程类别为车站工程、车辆段工程、系统工程的，工程量指标单位应为 m^2；

    2 工程类别为区间工程、停车线工程的，工程量指标单位应为延长米；

    3 主要工程量指标，应按本标准附录 H 第 H.0.20 条的规定描述。

7.8.3 城市轨道交通工程主要材料消耗量指标描述应符合下列规定：

    1 工程类别为车站工程、车辆段工程、系统工程的，用量指标单位应为 m^2；

    2 工程类别为区间工程、停车线工程的，用量指标单位应为延长米；

    3 主要材料消耗量指标，应按本标准附录 J 第 J.0.18 条的规定描述。

7.8.4 城市轨道交通工程涉及的建筑物及设施，宜按本标准第 7.2 节、第 7.4 节、第 7.5 节的规定描述。

7.9 房屋建筑维修与加固工程技术经济指标

7.9.1 房屋建筑维修与加固工程分部工程造价指标，应按本标准附录 G 第 G.0.21 条的规定描述。

7.9.2 房屋建筑维修与加固工程主要工程量指标，应按本标准附录 H 第 H.0.21 条的规定描述。

7.9.3 房屋建筑维修与加固工程主要材料消耗量，应按本标准附录 J 第 J.0.19 条的规定描述。

7.10 爆破工程技术经济指标

7.10.1 爆破工程分部工程造价指标单位为元/m³，应按本标准附录 G 第 G.0.22 条的规定描述。

7.10.2 爆破工程主要工程量指标单位应为 m³，应按本标准附录 H 第 H.0.22 条的规定描述。

7.10.3 爆破工程主要材料消耗量指标单位应为 m³，应按本标准附录 J 第 J.0.20 条的规定描述。

7.11 城市地下综合管廊工程技术经济指标

7.11.1 城市地下综合管廊工程分部工程造价指标单位为元/m，应按本标准附录 G 第 G.0.23 条的规定描述。

7.11.2 城市地下综合管廊工程主要工程量指标单位应为延长米，应按本标准附录 H 第 H.0.23 条的规定描述。

7.11.3 城市地下综合管廊工程主要材料消耗量指标单位应为延长米，应按本标准附录 J 第 J.0.21 条的规定描述。

7.11.4 城市地下综合管廊工程涉及的安装工程、市政工程、园林绿化工程、城市轨道交通工程应分别按本标准第 7.4 节、第 7.5

节、第 7.6 节、第 7.8 节的规定执行。

7.12 海绵城市建设工程技术经济指标

7.12.1 海绵城市建设工程分部工程造价指标，应按本标准附录 G 第 G.0.24 条的规定描述。

7.12.2 海绵城市建设工程主要工程量指标单位应为 m^2，应按本标准附录 H 第 H.0.24 条的规定描述。

7.12.3 海绵城市建设工程主要材料消耗量指标单位应为 m^2，应按本标准附录 J 第 J.0.22 条的规定描述。

7.12.4 海绵城市建设工程涉及的安装工程、市政工程、园林绿化工程、构筑物工程应分别按本标准第 7.4 节、第 7.5 节、第 7.6 节、第 7.7 节的规定执行。

8 工程造价技术经济指标采集

8.1 一般规定

8.1.1 工程造价技术经济指标采集的格式应采用国际标准的可扩展标记语言 XML（Extensible Markup Language）描述建立。

8.1.2 工程造价技术经济指标的采集与交换应按本章所规定的数据格式进行描述。

8.1.3 采集格式中的编码、变量及数据字段等应采用相应的命名规则。

8.1.4 采用本标准生成的工程造价技术经济指标采集的电子数据文件扩展名必须采用".cjzb"，不区分大小写。

8.1.5 工程造价技术经济指标采集的数据格式规定在 XML Schema 定义文件"四川省建设工程造价技术经济指标采集标准.xsd"中专门描述，应符合本标准 XSD 文件规定，及本标准说明规定的合法 cjzb 文件，才是合法的工程造价技术经济指标采集数据文件。

8.2 工程造价技术经济指标采集

8.2.1 工程造价技术经济指标采集格式的数据结构应按图 8.2.1 进行划分：

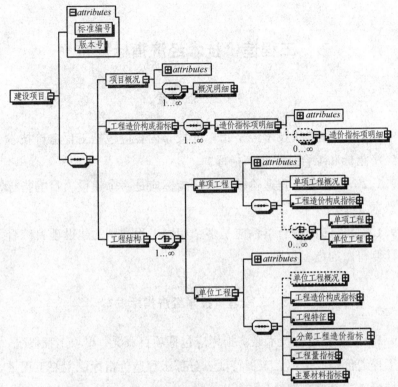

图 8.2.1　工程造价技术经济指标采集格式的数据结构

8.2.2　工程造价技术经济指标采集格式的元素描述应符合本标准附录 L 的所有规定。

9 工程造价技术经济指标发布

9.1 一般规定

9.1.1 工程造价技术经济指标的发布内容应包括工程造价技术经济指标和综合技术经济指标。

9.1.2 发布的工程造价技术经济指标应是一个建设项目的指标数据。

9.1.3 发布的综合指标应是多个相同工程类别的建设项目综合计算得出的指标数据。

9.2 工程造价技术经济指标发布

9.2.1 工程造价技术经济指标应包括项目概况、单项工程概况、工程造价构成指标、工程特征、分部工程造价指标、主要工程量指标、主要材料消耗量指标。

9.2.2 工程造价技术经济指标的组成结构如图9.2.2所示:

9.2.3 项目概况、单项工程概况应根据本标准第4.3节的规定,发布建设项目的概况及其包含的单项工程的概况。

9.2.4 工程特征应根据本标准第6章的规定,按工程专业分别发布工程特征及相应的描述。

9.2.5 工程造价构成指标应包括费用名称、工程规模、金额、单方造价指标、占比,应按附录F规定的费用名称、编码描述。

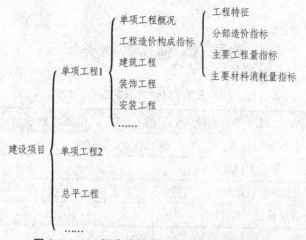

图 9.2.2 工程造价技术经济指标的组成结构

9.2.6 分部工程造价指标应包括项目名称、造价、单方造价指标、占比。

9.2.7 主要工程量指标应包括项目名称、单位、工程量指标。

9.2.8 主要材料消耗量指标应包括材料名称、单位、用量指标。

9.3 综合指标发布

9.3.1 综合技术经济指标应对相同工程类别的单项工程指标进行综合分析后，发布相应的指标。

9.3.2 综合技术经济指标应发布工程类型、工程造价构成指标、主要材料消耗量指标，并按下列规定执行：

    1 工程类别划分应按本标准 4.2 节的规定描述；

    2 工程造价构成指标应按本标准第 9.2.5 条的规定执行；

    3 主要材料消耗量指标应按本标准第 9.2.8 条的规定执行。

附录 A 造价数据类型

表 A 造价数据类型

名 称	编 码
设计概算	1
施工图预算	2
招标控制价	4
投标报价/合同价格	6
竣工结算	7

附录 B 工程类别

表 B 工程类别编码

工程类别	编　码
房屋建筑工程	**100000000**
民用建筑工程	101000000
居住建筑	101010000
别墅	101010100
独栋	101010110
联排	101010120
公寓	101010200
住宅	101010300
保障房	101010400
廉租房	101010410
限价房	101010420
扶贫拆迁安置房	101010430
经济适用房	101010440
集体宿舍	101010500
办公建筑	101020000
写字楼①	101020100
党政机关办公楼	101020200
事业单位办公楼	101020300
企业单位办公楼	101020400

工程类别	编　码
旅馆酒店建筑	101030000
普通酒店、旅馆	101030100
招待所	101030200
星级酒店	101030300
商业建筑	101040000
综合商厦	101040100
百货商场	101040200
购物中心	101040300
会展中心	101040400
超市	101040500
农贸市场	101040600
专业商店	101040700
居民服务建筑	101050000
福利院、养老院	101050100
消防站	101050200
餐饮用房屋	101050300
银行营业和证券营业用房屋	101050400
电信及计算机服务用房屋	101050500
邮政用房屋	101050600
居住小区的会所	101050700
生活服务用房屋	101050800
殡仪馆	101050900
文化建筑	101060000

工程类别	编 码
文艺演出用房	101060100
艺术展览用房	101060200
图书馆	101060300
纪念馆	101060400
档案馆	101060500
博物馆	101060600
科技馆	101060700
文化宫	101060800
游乐园	101060900
影剧院	101061000
剧场	101061100
宗教寺庙	101061200
教育建筑	101070000
幼儿园、托儿所	101070100
教学楼	101070200
图书馆	101070300
实验楼	101070400
体育馆	101070500
展览馆	101070600
学生宿舍（公寓）②	101070700
学生食堂	101070800
教育辅助用房	101070900
体育建筑	101080000

工程类别	编 码
体育馆	101080100
篮球馆	101080101
专业运动馆	101080102
体育场	101080200
足球场	101080201
专业运动场	101080202
游泳馆（场）	101080300
跳水馆（场）	101080400
科研建筑	101090000
科技楼	101090100
实验楼	101090200
设计楼	101090300
卫生建筑	101100000
专科医院	101100100
门诊大楼	101100200
急救中心	101100300
住院楼	101100400
康复中心	101100500
医技楼	101100600
保健站	101100700
社区卫生服务中心	101100800
卫生所	101100900
交通建筑	101110000

工程类别	编　码
综合交通枢纽	101110100
机场航站楼	101110200
机场指挥塔	101110300
汽车客运楼	101110400
铁路客运楼	101110500
停车场	101110600
地面	101110601
地下	101110602
地上	101110603
高速公路服务区用房	101110700
汽车站房	101110800
铁路站房	101110900
港口码头建筑	101111000
加油站	101111100
司法建筑	101120000
公检法办公楼	101120100
交通指挥楼	101120200
派出所	101120300
看守所	101120400
戒毒所	101120500
监狱	101120600
独立人防建筑	101130000
广播电影电视建筑	101140000

工程类别	编 码
综合大楼	101140100
发射台（站）	101140200
地球站	101140300
监测台（站）	101140400
综合发射塔③	101140500
城市综合体④	102000000
工业建筑工程	103000000
厂房（机房、车间）	103010000
单层厂房	103010100
多层厂房	103010200
仓库	103020000
成品库	103020100
原材料库	103020200
物资储备库	103020300
冷藏库	103020400
辅助附属设施	103030000
仿古建筑工程	200000000
亭	201000000
楼	202000000
榭	203000000
坊	204000000
廊	205000000
殿	206000000

工程类别	编　码
市政园林工程	**400000000**
市政道路工程	401000000
桥涵工程	402000000
跨河桥工程	402010000
立交桥工程	402020000
互通式立交桥⑤	402020100
分离式立交桥	402020200
高架桥工程	402030000
人行天桥	402040000
涵洞工程	402050000
河堤挡墙工程	403000000
河堤工程	403010000
挡墙工程	403020000
隧道及地下通道	404000000
下穿隧道工程	404010000
电缆隧道工程	404020000
地下人行通道工程	404030000
综合管廊工程	405000000
管网工程	406000000
供水管道工程	406010000
电力管网工程	406020000
通信管网工程	406030000
排水管道工程	406040000

工程类别	编码
市政燃气管道工程	406050000
供水厂（站）工程	407000000
污水处理厂（站）工程	408000000
生活垃圾处理厂（站）	409000000
填埋场	409010000
地上堆肥	409020000
焚烧厂	409030000
市政路灯工程	410000000
交安工程	411000000
公园⑥	412000000
交通干道类绿化⑦	413000000
海绵城市建设工程	414000000
建筑总平工程	**500000000**
构筑物工程	**600000000**
工业构筑物	601000000
冷却塔	601010000
观测塔	601020000
烟囱	601030000
烟道	601040000
井架	601050000
井塔	601060000
筒仓	601070000
栈桥	601080000

工程类别	编 码
架空索道	601090000
装卸平台	601100000
槽仓	601110000
地道	601120000
民用构筑物	602000000
纪念塔（碑）	602010000
广告牌（塔）	602020000
水工构筑物	603000000
沟	603010000
池	603020000
沉井	603030000
水塔	603040000
城市轨道交通工程	**700000000**
地铁工程	701000000
车站工程	701010000
区间工程	701020000
车辆基地工程®	701030000
停车线工程	701040000
有轨电车工程	702000000
车站工程	702010000
区间工程	702020000
车辆基地工程®	702030000
停车线工程	702040000

工程类别	编 码
轻轨工程	703000000
车站工程	703010000
区间工程	703020000
车辆基地工程⑧	703030000
停车线工程	703040000
磁悬浮工程	704000000
车站工程	704010000
区间工程	704020000
车辆基地工程⑧	704030000
停车线工程	704040000
系统工程	705000000
工艺设备工程	706000000
爆破工程	**900000000**

注：① 写字楼包含超级写字楼、甲级写字楼、总部基地；
　　② 公寓包含酒店式公寓（含 SOHO）；
　　③ 综合发射塔包含与其配套的机房、塔座、塔楼等；
　　④ 城市综合体包含商业＋办公、商业＋办公＋住宅等；
　　⑤ 互通式立交桥包含全互通式立交桥、半互通式立交桥；
　　⑥ 公园包含公园绿地、风景林地、生产绿地、防护绿地、附属绿地等；
　　⑦ 海绵城市建设工程包含城市生态湿地等；
　　⑧ 车辆基地工程包含与其配套的房屋建筑工程。

附录 C 工程概况

C. 0. 1 建设项目概况的描述应符合表 C.0.1 的规定。

表 C.0.1 建设项目概况

概况名称	描述方式及内容	描述示例
项目编号	描述编号	
项目名称	描述名称	
标段名称	描述名称	
建设单位	描述单位名称	
建设单位统一社会信用代码	描述统一社会信用代码	
承包人	描述单位名称	
承包人统一社会信用代码	描述统一社会信用代码	
编制单位	描述单位名称	
编制单位统一社会信用代码	描述统一社会信用代码	
项目总投资	描述投资额+单位万元	示例：2000 万元
投资性质	描述投资性质	示例：政府投资|非政府投资|非国家投资等
承包工程范围	描述方式	示例：设计施工总承包|施工总承包|专业承包等
工程地点	描述项目的所属行政区域编码	示例：510100
工程规模	根据项目类型描述规模及单位	示例：1000 m^2|2000 m

概况名称	描述方式及内容	描述示例
开工时间	描述格式为YYYY-MM-DD的时间	示例：2017-01-01
竣工时间		示例：2018-01-01
编制时间		示例：2018-02-01
建设形式	描述类别	示例:新建|扩建|拆除|维修|加固|维修加固|改造等
工程等级	描述等级	示例:一级|二级|三级|三星|四星|五星|超五星等
造价数据类型	应按本标准附录A造价数据类型的规定描述造价数据类型编码	示例：4
编制依据	描述采用的清单规范、定额规则、价格基准期、设计文件类型	示例:国标2013清单,四川2015定额，四川省2017年第11期材料信息价，施工图设计
计税方式	描述方式	示例:增值税一般计税|增值税简易计税|营业税
工期	描述定额工期、合同工期、实际工期及单位	示例:定额工期255天,合同工期240天，实际工期235天
合同价格形式	描述合同价格形式	示例:单价合同|总价合同|其他价格形式
项目其他情况	描述项目的其他情况	

注：1 承包人有多个的，在多个承包人名称间以分号隔开，如：描述为"承包人1；承包人2"；

2 承包人统一社会信用代码有多个的，在多个承包人统一社会信用代码间以逗号隔开，并与承包人的顺序一致；

3 工程规模的描述，应按项目类型填写对应单位，如房屋建筑工程描述建筑面积+单位m²，市政道路工程描述道路长度+单位m、宽度+单位m；

4 工程等级应按工程类别的划分特性进行描述，如工程类别为幼儿园时应描述一级、二级或三级，为星级酒店时应描述三星、四星、五星或超五星。

C.0.2 房屋建筑工程概况的描述应符合表 C.0.2 的规定。

表 C.0.2　房屋建筑工程概况

概况名称		描述方式及内容	描述示例
建筑面积	总建筑面积	描述面积+单位 m²	示例：5800 m²
	裙楼面积		示例：1800 m²
	地上层面积		示例：5000 m²
	地下层面积(其中：人防面积)		示例：800 m²（其中：人防面积 300 m²）
层数	总层数	描述层数+单位层	示例：8 层
	装配层数		示例：2 层
	地上层层数		示例：7 层
	地下层层数		示例：1 层
层高	总高度	描述高度+单位 m	示例：24 m
	檐口高度		示例：21 m
	首层高度		示例：6 m
	标准层高		示例：3 m
	地下层高		示例：3 m
功能规模		描述数量+单位	示例：床位数 300 床|户数 70 户|座位数 10 000 座等
维修加固	维修部位	描述部位	示例：屋面|防水|保温|楼地面|墙柱面|天棚面|门窗|油漆涂料|金属构件等
	加固部位		示例：砖砌体|门窗|石砌体|现浇混凝土结构|木结构|金属构件等

概况名称		描述方式及内容	描述示例
维修加固	拆除部位	描述部位	示例：墙面|屋面|楼地面|防水|电气|消防|供水管网|排污管网|安防|通信|道路|绿化|公共服务设施等
结构类型		描述类型	示例：砖混结构|框架结构|框剪结构|筒体结构|钢结构等
绿色建筑		描述等级	示例：无|一星级|二星级|三星级
装配形式及装配率		描述形式及装配率	示例：装配式重钢结构（装配率30%）|装配式轻钢结构（装配率40%)|装配式钢筋混凝土结构（装配率40%）|装配式木结构（装配率60%）|装配式混合结构（装配率40%）等
防火要求		描述耐火等级	示例：一级|二级|三级
人防等级		描述等级	示例：甲类|乙类|无人防
抗震设防		描述抗震设防烈度	示例：6|7|8|9度设防
建筑节能		描述等级	示例：一级|二级|三级|四级|五级
建材要求	商品混凝土	描述是否使用商品混凝土	示例：是|否
	预拌砂浆	描述是否使用预拌砂浆	示例：是|否

C.0.3 仿古建筑工程概况的描述应符合表 C.0.3 的规定。

表 C.0.3　仿古建筑工程概况

概况名称		描述方式及内容	描述示例
建筑面积	总建筑面积	描述面积+单位 m²	示例：5 800 m²
	地下层面积(其中：人防面积)		示例：800 m²(其中：人防面积 300 m²)
层数	总层数	描述层数+单位层	示例：8 层
	装配层数		示例：2 层
层高	总高度	描述高度+单位 m	示例：24 m
	檐口高度		示例：21 m
维修部位		描述部位	示例：屋面|防水|保温|楼地面|墙柱面|天棚面|门窗|油漆涂料|金属构件等
加固部位			示例：砖砌体|门窗|石砌体|现浇混凝土结构|木结构|金属构件等
拆除部位			示例：墙面|屋面|楼地面|防水|电气|消防|供水管网|排污管网|安防|通信|道路|绿化|公共服务设施等
防火要求		描述耐火等级	示例：一级|二级|三级
结构类型		描述类型	示例：砖混结构|钢筋混凝土结构|框架结构|框剪结构|筒体结构|钢结构
绿色建筑		描述等级	示例：无|一星级|二星级|三星级

概况名称		描述方式及内容	描述示例
装配形式及装配率		描述形式及装配率	**示例**：装配式重钢结构（装配率30%）|装配式轻钢结构（装配率40%）|装配式钢筋混凝土结构（装配率40%）|装配式木结构（装配率60%）|装配式混合结构（装配率40%）
抗震设防		描述抗震设防烈度	**示例**：6|7|8|9度设防
建筑节能		描述等级	**示例**：一级|二级|三级|四级|五级
建材要求	商品混凝土	描述是否使用商品混凝土	**示例**：是|否
	预拌砂浆	描述是否使用预拌砂浆	**示例**：是|否

C.0.4 市政道路工程概况的描述应符合表 C.0.4 的规定。

表 C.0.4　市政道路工程概况

概况名称	描述方式及内容	描述示例
道路等级	描述等级	**示例**：快速路|主干道|次干道|支路|里巷道路等
道路长度、宽度	描述长度、宽度+单位 m	**示例**：长度 5 500 m，红线宽度 80.0 m
路面组成	描述区域、宽度+单位 m	**示例**：3.5 m 人行道+7.0 m 辅道+9.5 m 主辅分隔带+16.0 m 主车道+8.0 m 中央分隔带+16.0 m 主车道+9.5 m 主辅分隔带+7.0 m 辅道+3.5 m 人行道

概况名称		描述方式及内容	描述示例
横断面结构形式	路面	描述材质、部位及厚度+单位 cm	示例：4 cm 细粒式沥青玛琋脂碎石混凝土 SMA-13C+6 cm 厚中粒式沥青混凝土 AC-20C+8 cm 厚中粒式沥青混凝土 AC-20C+25 cm 厚水泥稳定碎石上基层+25 cm 厚 4%水泥稳定碎石下基层+20 cm 厚级配碎石底基层
	路基		
	人行道		

C.0.5 桥梁工程概况的描述应符合表 C.0.5 的规定。

表 C.0.5　桥梁工程概况

概况名称		描述方式及内容	描述示例
桥梁长度、宽度、跨径		描述长度、宽度、跨径+单位 m	示例：桥梁长度 65 m，宽度 8 m，跨径为 20 m+25 m+20 m
结构形式	上部结构形式	描述形式	示例：现浇混凝土箱梁
	下部结构形式		示例：柱式桥墩
	基础形式		示例：桩基础
桥梁结构高度		描述高度+单位 m	示例：6 m
桥梁结构层数		描述层数+单位层	示例：2 层
面层铺装形式		描述形式	示例：拼装|现浇等
装配形式及装配率		描述形式及装配率	示例：装配式重钢结构（装配率 30%）|装配式轻钢结构（装配率 40%）|装配式钢筋混凝土结构（装配率 40%）等

C.0.6 河堤挡墙工程概况的描述应符合表 C.0.6 的规定。

表 C.0.6 河堤挡墙工程概况

概况名称		描述方式及内容	描述示例
河堤工程	长度	描述长度+单位 m	示例：30 m
	高度	描述高度+单位 m	示例：3 m
	最大厚度	描述最大厚度+单位 m	示例：1 m
	最小厚度	描述最小厚度+单位 m	示例：0.7 m
	护坡形式	描述形式	示例：条石河堤|卵石护坡|混凝土护坡|钢筋混凝土网格等
	支护方式	描述支护方式	示例：土钉支护|锚杆支护等
挡墙工程	长度	描述长度+单位 m	示例：30 m
	高度	描述高度+单位 m	示例：3 m
	最大厚度	描述最大厚度+单位 m	示例：1 m
	最小厚度	描述最小厚度+单位 m	示例：0.7 m
	挡墙形式	描述形式	示例：条石挡墙|混凝土挡墙|钢筋混凝土挡墙等
	支护方式	描述支护方式	示例：土钉支护|锚杆支护等

C.0.7 隧道及地下通道工程概况的描述应符合表 C.0.7 的规定。

表 C.0.7 隧道及地下通道工程概况

概况名称		描述方式及内容	描述示例
下穿隧道桥段	隧道长度	描述长度+单位 m	示例：50 m
	断面形式	描述断面形状、尺寸（净空尺寸）+单位 m	示例：矩形 2.50 m × 3.0 m
	开挖方式	描述施工方法	示例：明挖|盖挖|暗挖（矿山法，盾构法）等
	支护方式	描述支护方式	示例：土钉支护|锚杆支护等
引坡段	长度	描述长度+单位 m	示例：50 m
	坡度	描述坡度+单位%	示例：2.5%
	开挖方式	描述施工方法	示例：明挖|盖挖|暗挖（矿山法，盾构法）等
	挡墙形式	描述挡墙形式	

C.0.8 城市地下综合管廊工程概况的描述应符合表 C.0.8 的规定。

表 C.0.8 城市地下综合管廊工程概况

概况名称	描述方式及内容	描述示例
管廊类别	描述类别	示例：干线|支线|缆线|干支混合
工程规模	描述长度+单位 km	示例：5 km
开挖形式	描述开挖形式	示例：明挖|盾构|暗挖
舱数及长度	描述舱数、面积+单位 m^2、长度+单位 km	示例：单舱面积 20 m^2，3 km；双舱面积 35 m^2，5 km；三舱面积 40 m^2，8 km
断面尺寸	描述舱类型、层数、断面尺寸+单位 m	示例：综合舱 3 m×5 m 单层；电力舱 1 m×2 m 单层；污水舱 1 m×2 m 单层

概况名称	描述方式及内容	描述示例
防火要求	描述耐火等级	示例：一级|二级|三级
装配形式及装配率	描述形式及装配率	示例：装配式重钢结构（装配率30%）|装配式轻钢结构（装配率40%）|装配式钢筋混凝土结构（装配率40%）|装配式混合结构（装配率40%）
分舱连接	描述连接形式	
抗震设防	描述抗震设防烈度	示例：6|7|8|9度设防

C.0.9 管网工程概况的描述应符合表 C.0.9 的规定。

表 C.0.9 管网工程概况

概况名称	描述方式及内容	描述示例
供水工程		示例：D400 球墨铸，长度1 400 m
电力工程		示例：铜芯电缆 VV-0.6/1 kV-5×25，长度 800 m
通信工程	描述材质、长度+单位 m	示例：4 芯管道光缆，长度500 m
排水工程		示例：D500 钢筋混凝土承插管（Ⅱ级），长度 800 m
燃气工程		示例：D100 无缝钢管，长度500 m

C.0.10 供水厂工程概况的描述应符合表 C.0.10 的规定。

表 C.0.10 供水厂工程概况

概况名称		描述方式及内容	描述示例
工程规模		描述建筑外围面积+单位 m^2 描述设计规模+单位万吨/天	示例：面积 3 272 m^2，设计规模 10 万吨/天（土建一次建成，设备分为两阶段，其中一阶段设备安装规模为 5 万吨/天，二阶段增加 5 万吨/天规模的设备）
日生产（处理）能力		描述数量+单位万吨	示例：60 万吨
进出通道		描述面积+单位 m^2	示例：1 791 m^2
地下车库		描述建筑面积+单位 m^2	示例：21 026 m^2
综合办公楼		描述建筑面积+单位 m^2	示例：3 096.36 m^2
门卫室		描述建筑面积+单位 m^2	示例：31.4 m^2
厂区综合管线工程		描述占地面积+单位 m^2	示例：59 253.63 m^2
景观绿化工程	硬质铺装	描述面积+单位 m^2	示例：14 961 m^2
	停车场	描述面积+单位 m^2	示例：342 m^2
	园林绿化	描述面积+单位 m^2	示例：41 523 m^2
	栈桥	描述面积+单位 m^2	示例：200 m^2
	园林照明	描述个数+单位盏	示例：70 盏
	城市家具	描述个数+单位个	示例：50 个
	公共卫生间	描述面积+单位 m^2	示例：150 m^2
管道工程		描述长度+单位 km	示例：11.4 km
人行生态景观拱桥		描述长度+单位 m 描述宽度+单位 m	示例：长度 80 m，宽度 5 m
科普示范用房		描述面积+单位 m^2	示例：2 000 m^2

C. 0. 11 污水处理厂工程概况的描述应符合表 C.0.11 的规定。

表 C.0.11 污水处理厂工程概况

概况名称		描述方式及内容	描述示例
工程规模		描述建筑外围面积+单位 m² 描述设计规模+单位万吨/天	示例：面积 3 272 m²，设计规模 10 万吨/天（土建一次建成，设备分为两阶段，其中一阶段设备安装规模为 5 万吨/天，二阶段增加 5 万吨/天规模的设备）
日生产（处理）能力		描述数量+单位万吨	示例：60 万吨
工艺设备安装工程		描述设备数量+单位	示例：污泥消化及沼气设备 1 台
电气及自动化仪表工程		描述设备数量+单位	示例：开关柜 1 台
工艺管道安装工程		描述长度+单位 km	示例：11.4 km
厂区配套工程	建筑物	描述数量+单位座	示例：1 座
	厂区总图管线	描述长度+单位 km	示例：11.4 km
	道路	描述长度+单位 km	示例：5 km
	景观绿化	描述面积+单位 m²	示例：41 523 m²
	照明	描述个数+单位盏	示例：70 盏
安全与环境保护		描述数量+单位	示例：1 项
系统联动调试		描述数量+单位	示例：1 项

C. 0. 12 生活垃圾处理厂工程概况的描述应符合表 C.0.12 的规定。

表 C.0.12　生活垃圾处理厂工程概况

概况名称		描述方式及内容	描述示例
工程规模		描述建筑外围面积+ 单位 m² 描述设计规模+ 单位万吨/天	示例：面积 3 272 m²，设计规模 10 万吨/天（土建一次建成，设备分为两阶段，其中一阶段设备安装规模为 5 万吨/天，二阶段增加 5 万吨/天规模的设备）
日生产（处理）能力		描述数量+单位万吨	示例：60 万吨
进出通道		描述面积+单位 m²	示例：1 791 m²
地下车库		描述建筑面积+单位 m²	示例：21 026 m²
综合办公楼		描述建筑面积+单位 m²	示例：3 096.36 m²
门卫室		描述建筑面积+单位 m²	示例：31.4 m²
厂区综合管线工程		描述占地面积+单位 m²	示例：59 253.63 m²
景观绿化工程	硬质铺装	描述面积+单位 m²	示例：14 961 m²
	停车场	描述面积+单位 m²	示例：342 m²
	园林绿化	描述面积+单位 m²	示例：41 523 m²
	栈桥	描述面积+单位 m²	示例：200 m²
	园林照明	描述个数+单位盏	示例：70 盏
	城市家具	描述个数+单位个	示例：50 个
	公共卫生间	描述面积+单位 m²	示例：150 m²
管道工程		描述长度+单位 km	示例：11.4 km
垃圾接收系统		描述设备种类+单位	示例：垃圾运输车 1 辆；垃圾抓斗起重机 1 台
垃圾焚烧锅炉系统		描述设备种类+单位	示例：余热锅炉 1 台
余热利用系统		描述设备种类+单位	示例：汽轮机组 1 套

概况名称	描述方式及内容	描述示例
电气系统	描述设备种类+单位	**示例**：变压器 1 台 发电机 1 台
热工仪表与自动化系统	描述设备种类+单位	**示例**：传感器 1 台
烟气净化系统	描述设备种类+单位	**示例**：袋式除尘器 1 台
残渣收运系统	描述设备种类+单位	**示例**：炉渣运输车辆 1 辆
公用系统	描述设备种类+单位	**示例**：空压机 1 台
人行生态景观拱桥	描述长度+单位 m 描述宽度+单位 m	**示例**：长度 80 m，宽度 5 m
科普示范用房	描述面积+单位 m²	**示例**：2 000 m²

C.0.13 市政路灯工程概况的描述应符合表 C.0.13 的规定。

表 C.0.13　市政路灯工程概况

概况名称	描述方式及内容	描述示例
路灯工程	描述类型、材质、高度+单位 m	**类型示例**：市电路灯|太阳能路灯|风光互补路灯等 **材质示例**：单挑灯 9 m | 双挑灯 9 m 等

C.0.14 交安工程概况的描述应符合表 C.0.14 的规定。

表 C.0.14　交安工程概况

概况名称	描述方式及内容	描述示例
沿线长度	描述长度+单位 km	**示例**：5 km
交通安全设施	描述类型	**示例**：标志|标线|防撞桶|交通安全岛等
交通管理设施		**示例**：监控|信号|智能交通等
适用范围	描述适用范围	**示例**：A 级|B 级|C 级|D 级
设计等级	描述等级	**示例**：快速路|主干道|次干道|支路

注：沿线长度按交安工程实施项目的长度描述。

C. 0. 15 公园、广场、交通干道、总平类工程概况的描述应符合表 C.0.15 的规定。

表 C.0.15　公园、广场、交通干道、总平类工程概况

概况名称		描述内容及方式	描述示例
公园、游览区、小区（总平）、单位等点状工程	总占地面积	描述数字+单位 m²	示例：50 000 m²
	绿化覆盖面积		示例：25 000 m²
	池、塘、渠等水系面积		示例：10 000 m²
	硬质铺装广场等面积		示例：5 000 m²
	人行园路面积		示例：2 000 m²
	机动车道（含机动车道旁人行道）面积		示例：2 000 m²
	人行景观桥	描述桥总长度或最大跨径+单位 m	示例：总长度 20 m|最大跨径 20 m 等
	机动车桥		
	工具间、茶室、卫生设施等	描述面积+单位 m²	示例：8 000 m²
	亭、阁、榭、舫、廊等面积		示例：5 000 m²
	其他面积		示例：2 000 m²
交通干道等线状工程	线路类型	描述线路类型	示例：快速路|主干路|次干路|支路|高速公路|一级公路|二级公路|三级公路|四级公路|高压线走廊|铁路走廊|生态河堤等
	长度	描述长度+单位 m	示例：1 000 m

C. 0. 16 构筑物工程概况的描述应符合表 C.0.16 的规定。

表 C.0.16 构筑物工程概况

概况名称		描述方式及内容	描述示例
工程规模		描述工程规模+单位	示例：500 m²
高度	总高度	描述高度+单位 m	示例：15 m
	地上高度		示例：12 m
	地下层高		示例：3 m
防火要求		描述耐火等级	示例：一级|二级|三级
结构类型		描述类型	示例：砖混结构|钢筋混凝土结构|框架结构|框剪结构|筒体结构|钢结构
装配率		描述形式及装配率	示例：装配式重钢结构（装配率 30%）|装配式轻钢结构（装配率 40%）|装配式钢筋混凝土结构（装配率 40%）|装配式木结构（装配率 60%）|装配式混合结构（装配率 40%）等
抗震设防		描述抗震设防烈度	示例：6|7|8|9 度设防
人防等级		描述等级	示例：甲类|乙类|无人防
建筑节能		描述等级	示例：一级|二级|三级|四级|五级
建材要求	商品混凝土	描述是否使用商品混凝土	示例：是|否
	预拌砂浆	描述是否使用预拌砂浆	示例：是|否

注：工程规模单位根据工程实际情况描述。

C.0.17 城市轨道交通工程概况的描述应符合表 C.0.17 的规定。

表 C.0.17 城市轨道交通工程概况

概况名称		描述内容及方式	描述示例
线路名称		描述标记	示例：地铁 3 号线
建设规模	工程总量	描述长度+单位正线公里	示例：40 正线公里
	路线起讫点	描述路线起点,终点	示例：起点升仙湖，终点广都
	线路里程	描述长度+单位正线公里	示例：40 正线 km
车站	全线	描述数量+单位座/总面积+单位 m^2/平均面积+单位 m^2	示例：5 座/5 000 m^2/1 000 m^2
	地下站 明挖		
	地下站 盖挖		
	地下站 暗挖		
	高架站		
	地面站		
	平均站间距	描述长度+单位 km	示例：2 km
	换乘站	描述数量+单位座	示例：1 座
区间	全长	描述长度+单位双延米	示例：1 000 双延米
	地下 全长		
	地下 盾构区间		
	地下 明挖区间		
	地下 暗挖区间		
	高架		
	地面		

概况名称			描述内容及方式	描述示例
轨道	铺轨	一般段	描述长度+ 单位铺轨公里	示例：10 铺轨公里
		中等减振段		
		高等减振段		
		特殊减振段		
	铺道岔	单开	描述数量+单位组	示例：100 组
		特种		
	铺轨基地		描述数量+单位处	示例：10 处
供电	主变电站		描述数量+单位座	示例：10 座
	牵引降压混合变电所			
	降压变电所			
	跟随变电所			
控制中心面积			描述面积+单位 m^2	示例：500 m^2
车辆段/房屋面积			描述数量+单位处/面积+单位 m^2	示例：2 处/1 000 m^2
停车场/房屋面积				
自动扶梯			描述数量+单位部	示例：50 部
电梯				
线路特点与风险点简要描述				

C. 0. 18 爆破工程概况的描述应符合表 C.0.18 的规定。

56

表 C.0.18　爆破工程概况

概况名称	描述方式及内容	描述示例
爆破规模	描述数值+单位 m³	示例：3 000 m³
爆破形式	描述形式	示例：人工打眼爆破|机械打眼爆破|预裂爆破|光面爆破等
爆破作用	描述应用	示例：轨道交通建设|城市拆旧等

C.0.19　海绵城市建设工程概况的描述应符合表 C.0.19 的规定。

表 C.19　海绵城市建设工程概况

概况名称		描述内容	描述内容
总占地面积			示例：3 000 m²
渗水面积	透水铺装面积	描述面积+单位 m²	示例：300 m²
	绿色屋顶面积		
	下沉式绿地面积		
	渗透塘面积		
雨水储存设施面积	湿塘面积		
	雨水湿地面积		
雨水调节设施面积	调节塘面积		
雨水转输设施长度	植草沟长度	描述长度+单位 m	示例：300 m
	渗管、渠长度		
雨水利用设施	喷灌面积	描述面积+单位 m²	示例：300 m²
	雨水收集池面积		

注：总占地面积应为海绵城市建设工程实施区域的总占地面积。

附录 D 专业类别

表 D 专业类别

专业名称	编码
房屋建筑与装饰工程	01
建筑工程	0101
装饰工程	0102
仿古建筑工程	02
仿古建筑工程	0201
仿古装饰工程	0202
通用安装工程	03
机械设备安装工程	0301
热力设备安装工程	0302
静置设备与工艺金属结构制作安装工程	0303
电气工程	0304
建筑智能化工程	0305
自动化控制仪表安装工程	0306
通风空调工程	0307
工业管道工程	0308
消防工程	0309
给排水工程	0310
采暖工程	0311

专业名称	编码
燃气工程	0312
医疗气体工程	0313
电梯工程	0314
市政工程	**04**
道路工程	0401
桥梁工程	0402
隧道工程	0403
供水管网工程	0404
排水管网工程	0405
燃气管网工程	0406
路灯工程	0407
交安工程	0408
园林绿化工程	**05**
绿化工程	0501
园路园桥工程	0502
园林景观工程	0503
构筑物工程	**07**
构筑物建筑工程	0701
构筑物装饰工程	0702
城市轨道交通工程	**08**
车站工程	0801

专业名称	编码
区间工程	0804
轨道工程	0805
车辆基地工程	0806
系统工程	0807
房屋建筑维修与加固工程	**31**
结构加固工程	3101
装饰维修工程	3102
爆破工程	**09**
海绵城市建设工程	**10**

附录 E 工程特征描述

E.0.1 土石方及基坑支护特征的描述应符合表 E.0.1 的规定。

表 E.0.1 土石方及基坑支护特征

工程特征	描述方式及内容	描述示例
土壤类别	描述土壤类别	**示例：**一、二类土|三类土|四类土|综合等
岩石类别	描述岩石类别	**示例：**极软岩|软岩|较软岩|较硬岩|坚硬岩|综合等
开挖深度	描述深度+单位 m	**示例：**5 m
开挖方式	描述开挖方式	**示例：**人工挖土|机械挖土|爆破|明挖|盖挖|暗挖等
支撑	描述是否带支撑	**示例：**带支撑|不带支撑
运输距离	描述距离+单位 km	**示例：**10 km
弃土外运	描述是否发生弃土外运	**示例：**是|否
回填	描述材料类型	**示例：**素土|2∶8 灰土|3∶7 灰土|级配砂石等
基坑与边坡支护	描述类型	**示例：**地下连续墙|咬合灌注桩|原木桩|预制钢筋混凝土板桩|型钢桩|钢板桩|锚杆（锚索）|土钉|喷射混凝土、水泥砂浆|钢筋混凝土支撑|钢支撑等

E.0.2 建筑特征的描述应符合表 E.0.2 的规定。

表 E.0.2 建筑特征

工程特征		描述方式及内容	描述示例
基础	基础类型	描述类型	示例：带形基础|独立基础|满堂基础等
	地基处理		示例：换填垫层|铺设土工合成材料|预压地基|强夯地基|振冲密实|注浆地基等
	桩基础	描述类型	示例：振冲桩|砂石桩|水泥粉煤灰碎石桩|深层搅拌桩|夯实水泥土桩|高压喷射注浆桩|石灰桩|灰土挤密桩|柱锤冲扩桩|预制桩|灌注桩等
	砖基础	描述砂浆强度等级	描述示例：M5|M7.5|M10 等
混凝土结构	混凝土基础	描述种类及强度	种类示例：普通|抗渗等 强度示例：C15|C20|C25|C40，P6 等
	柱		
	梁		
	墙		
	板		
	楼梯		
砌筑	外墙	描述类型	示例：标准砖|多孔砖等
	内墙		示例：标准砖|多孔砖|混凝土砌块等
隔墙		描述材质	示例：轻质量砖|玻璃砖|玻璃|木材|石膏板等
金属结构			示例：铝合金|镁合金|钛合金等
木结构			示例：原木|锯材|胶合板等

工程特征		描述方式及内容	描述示例
门、窗	门	描述材质	**示例：** 木|塑钢|铝合金|断桥铝合金|塑料等
	窗		
	特种门	描述类型及等级	**类型示例：** 防火门|防爆门等
	特种窗		**等级示例：** 甲级|乙级等
防水	地面	描述使用材质、厚度+单位 mm	**示例：** 改性沥青防水卷材 2 mm+橡化沥青防水涂料 1.5 mm+聚乙烯丙纶卷材 1.5 mm
	内墙		
	外墙		**示例：** 改性沥青防水卷材 2 mm+橡化沥青防水涂料 1.5 mm+聚乙烯丙纶卷材 1.5 mm+SP 聚合物防水砂浆 10 mm
	屋面		
屋面	瓦屋面		**示例：** 彩色水泥瓦|合成树脂瓦|蛭石金属瓦|波纹装饰瓦|压型彩板瓦|玻璃钢瓦|玻纤胎沥青瓦|彩色波形沥青瓦等
	金属板屋面		**示例：** 钢板彩色压型板|夹心板彩色压型板|太空板等
	屋顶绿化	描述植物种类	**示例：** 乔木|灌木|绿篱|花卉|草皮等
	采光屋面	描述材质	**示例：** 采光井|采光天窗|采光板|三光板等
	隔热屋面	描述类型	**示例：** 架空屋面|蓄水屋面|种植屋面等

工程特征		描述方式及内容	描述示例
保温隔热	地面	描述材质	示例:挤塑聚苯板|粘贴复合硬泡聚氨酯板|岩棉板|SF憎水膨珠保温砂浆|胶粉聚苯颗粒|聚合物水泥珍珠岩保温砂浆等
	外墙		
	内墙		
	天棚		
	屋面		
装配构件	外墙板	描述有无	示例:有|无
	楼梯		
	钢结构	描述材质	示例:重钢|轻钢等
	木结构		示例:轻型木|胶合木|原木等

E.0.3 装饰特征的描述应符合表 E.0.3 的规定。

表 E.0.3　装饰特征

工程特征		描述方式及内容	描述示例
楼地面	整体面层	描述材质	示例:水泥混凝土|水泥砂浆|水磨石|自流坪等
	块料面层		示例:陶瓷锦砖|陶瓷地砖等
	石材面层		示例:大理石|花岗石等
	其他面层		示例:地毯|实木地板|实木复合地板|中密度(强化)复合地板|竹地板等

工程特征			描述方式及内容	描述示例
墙面	油漆、涂料、裱糊	外墙		示例：普通外墙涂料|丙烯酸弹性高级涂料|丙烯酸乳胶漆|硅丙乳胶漆|水性氟碳漆|质感纹理涂料等
		内墙		示例：普通涂料|耐擦洗涂料|丙烯酸乳胶漆|硅丙乳胶漆|墙纸等
	抹灰	外墙		示例：一般抹灰|装饰抹灰|清水砌体勾缝等
		内墙		示例：一般抹灰|装饰抹灰|清水砌体勾缝等
	块料墙面（内外）			示例：陶瓷锦砖|保温装饰一体板等
	石材墙面			示例：大理石|花岗石等
	其他墙面			示例：成品石膏|成品木雕等
天棚	抹灰			示例：一般抹灰|装饰抹灰等
	吊顶	整体面层		示例：木质装饰板|胶合板|纸面石膏板|装饰板石膏板等
		板块面层		示例：铝塑板|矿棉吸音板|PVC板|铝合金方板|铝合金条板等
	幕墙工程			示例：铝塑板|玻璃等

E.0.4 仿古建筑特征的描述应符合表 E.0.4 的规定。

表 E.0.4 仿古建筑特征

工程特征		描述方式及内容	描述示例
砖作工程		描述砌筑类型及材质	**砌筑类型示例:**贴勒脚|砖檐|砖帽|墙帽|砖券(拱)|月洞|地穴及门窗套|影壁|看面墙|廊心墙等 **材质示例:**红青标砖|页岩砖|四丁砖|大方砖|城墙砖等
石作工程		描述石作类型及材质	**石作类型示例:**台基及台阶|望柱|栏杆|蹬|柱|梁|枋|墙身石活及门窗石|槛垫石|石屋面|拱券石|拱眉石及石斗拱等 **材质示例:**青石|红砂石|大理石等
琉璃砌筑工程		描述琉璃类型及配件种类	**琉璃类型示例:**琉璃墙身|琉璃博风|挂落|滴珠板等 **配件种类示例:**琉璃须弥座|梁枋|垫板|柱子|斗拱等
混凝土及钢筋混凝土工程	柱	描述种类及强度等级	**种类示例:**普通|抗渗等 **强度示例:** C15|C20|C25|C40,P6 等
	梁		
	桁、枋		
	板		
	预制混凝土柱	描述断面形状及强度	**形状示例:** 圆形|多边形|方形吊瓜等 **强度示例:** C15|C20|C25|C40,P6 等
	预制混凝土梁		
	预制混凝土屋架	描述强度等级	**示例:** C15|C20|C25|C40,P6 等
	预制混凝土桁、枋		
	预制混凝土板		
	预制混凝土椽子		

工程特征		描述方式及内容	描述示例
木作工程	柱	描述木材品种及规格	**品种示例**：原木|锯材等 **规格示例**：柱径≤300 mm 断面周长≤1 200 mm
	梁		
	桁（檩）、枋、替木		
	搁栅		
	椽		
	戗角		
	斗拱		
	古式门窗		
	古式栏杆		
	鹅颈靠背、楣子、飞罩		
	墙、地板及天花		
	匾额、楹联(对联)及博古架(多宝格)		
屋面工程	瓦件	描述瓦件材质及规格	**瓦件材质示例**：小青瓦屋面|筒瓦屋面|琉璃屋面等 **规格示例**：瓦楞距≤200 mm|脊高≤300 mm|吻高≤500 mm 等
	屋脊	描述屋脊种类	**示例**：正脊|垂脊|戗脊等
	附件	描述附件种类	**示例**：正吻|垂兽|合角吻|中堆|宝顶|仙人走兽|找角卷草等

E. 0. 5 仿古装饰特征的描述应符合表 E.0.5 的规定。

表 E.0.5　仿古装饰特征

工程特征		描述方式及内容	描述示例
地面工程	糙墁地面	描述材质	**示例：**仿古方地砖|小方碎石|冰片石等
	墁石子地		
抹灰工程	墙面仿古抹灰	描述材质	**示例：**月白灰|青灰|红灰等
	柱、梁面仿古抹灰		
	墙、柱、梁贴仿古砖片		**示例：**花岗石|大理石|瓷砖等
油漆彩画工程	山花板、博缝（风）板、挂檐（落）板油漆	描述油漆种类	**示例：**调和漆|大木土漆|酚醛清漆等
	连檐、瓦口、椽子、望板、天花、顶棚油漆		
	上下架构件油漆		
	斗拱、垫拱板、雀替、花活油漆		
	门窗扇油漆		
	木装修油漆		
	山花板、挂檐（落）板彩画	描述颜料种类	**示例：**化学铜粉|矿物颜料贴金等
	椽子、望板、天花、顶棚彩画		
	上下架构件彩画	描述油漆种类及材质	**油漆种类示例：**旋子彩画|和玺彩画|苏式彩画等 **材质示例：**矿物颜料|国画颜料|宣传色等
	斗拱、垫拱板、雀替、花活、楣子、墙边彩画	描述颜料种类	**示例：**化学铜粉|矿物颜料贴金等
	国画颜料、广告色彩画	描述油漆种类	**示例：**旋子彩画|和玺彩画|苏式彩画等

E. 0. 6 机械设备安装特征的描述应符合表 E.0.6 的规定。

表 E.0.6 机械设备安装特征

工程特征	描述方式及内容	描述示例
切削设备	描述类型及重量	**类型示例**：机床|车床|钻床|镗床|磨床|铣床|刨床|拉床等
锻压设备		**类型示例**：压力机|液压机|锻压机|锻锤|剪切机|弯曲校正机|锻造水压机等
铸造设备		**类型示例**：砂处理设备|造型设备|制芯设备|落砂设备|清理设备|金属型铸造设备|材料准备设备|抛丸清理室|铸铁平台等
起重设备	描述类型、重量及跨距	**类型示例**：桥式起重机|吊钩门式起重机|梁式起重机|悬臂起重机|电动葫芦|单轨小车等
起重机轨	描述类型、孔距及安装部位	**类型示例**：起重机轨道|车挡等
输送设备	描述类型	**类型示例**：斗式提升机|刮板输送机|板（裙）式输送机|悬挂输送机|固定式胶带输送机|螺旋输送机|卸矿车|皮带秤等
风机	描述类型、重量	**类型示例**：离心式通风机|离心式引风机|轴流通风机|回转式鼓风机|离心式鼓风机等其他风机
泵		**类型示例**：离心式泵|旋涡泵|电动往复泵|柱塞泵|蒸汽往复泵|计量泵等
压缩机		**类型示例**：活塞式压缩机|回转式螺杆压缩机|离心式压缩机|透平式压缩机

工程特征	描述方式及内容	描述示例
工业炉	描述类型、重量	**类型示例：** 电弧炼钢炉|无芯工频感应电炉|电阻炉|真空炉|高频及中频感应炉|冲天炉|加热炉|热处理炉|解体结构井式热处理炉等
煤气发生设备	描述类型、重量、规格	**类型示例：** 煤气发生炉|洗涤塔|电气滤清器|竖管|附属设备等
其他机械		**类型示例：** 冷水机组|热力机组|制冰设备|冷风机|润滑油处理设备|膨胀机|柴油机等

E.0.7 热力设备安装特征的描述应符合表 E.0.7 的规定。

表 E.0.7　热力设备安装特征

工程特征	描述方式及内容	描述示例
中压锅炉	描述类型、重量、规格	**类型示例：** 钢炉架|汽包|水冷系统|过热系统|省煤器|预热器|旋风分离器|炉排及燃烧装置|除渣装置|本体管路及锅炉本体金属结构等
中压锅炉分部试验及试运		**类型示例：** 锅炉清洗及试验等
中压锅炉风机	描述类型、规格	**类型示例：** 送风机|引风机等
中压锅炉除尘装置	描述类型、重量、规格	**类型示例：** 除尘器等
中压锅炉制粉系统	描述类型、规格	**类型示例：** 磨煤机|给煤机|叶轮给粉机|螺旋输粉机等
中压锅炉烟、风、煤管道	描述类型、重量、规格	**类型示例：** 烟道|热风道|冷风道|制粉管道|送粉管道|原煤管道等
其他辅助设备	描述类型、规格	**类型示例：** 扩容器|消音器|暖风器|测粉装置|煤粉分离器等

工程特征	描述方式及内容	描述示例
炉墙砌筑	描述类型、材质、规格	**类型示例**: 敷管式及膜式水冷壁炉墙和框架式炉墙砌筑|循环流化床锅炉旋风分离器内衬砌筑|炉墙耐火砖砌筑等
汽轮发电机	描述结构形式、型号、质量、容量	**结构形式示例**: 汽轮机|发电机|励磁机|空负荷试运等
汽轮发电机辅助设备	描述结构形式、型号、面积、容积	**结构形式示例**: 凝汽器|加热器|抽气器|油系统设备、除氧器及水箱|电动给水泵|循环水泵|凝结水泵|机械真空泵|循环水泵房入口设备等
卸煤设备	描述结构形式、型号、规格、容积	**类型示例**: 抓斗|斗链式卸煤机等
煤场机械设备	描述型号、规格、起重量、输送量	**类型示例**: 斗轮堆取料机|门式滚轮堆取料机等
碎煤设备	描述型号、规格	**类型示例**: 反击式碎煤机|锤击式破碎机|筛分设备等
上煤设备	描述型号、规格、功率	**类型示例**: 皮带机|配仓皮带机|输煤转运站落煤设备|皮带秤|机械采样装置及除木器|电动犁式卸料器|电动卸料车|电磁分离器等
水力冲渣、冲灰设备	描述型号、规格、质量	**类型示例**: 捞渣机|碎渣机|渣仓|水力喷射器|箱式冲灰器|砾石过滤器|空气斜槽|灰渣沟插板门|电动灰斗闸板门|电动三通门|锁气器等
气力除灰设备	描述型号、规格、出力	**类型示例**: 负压风机|灰斗气化风机|布袋收尘器|袋式排气过滤器|加热器|回转式给料机等

工程特征	描述方式及内容	描述示例
化学水预处理系统设备	描述型号、规格、出力、容积	**类型示例**：反渗透处理系统|凝聚澄清过滤系统等
锅炉补给水除盐系统设备	描述型号、规格、容积	**类型示例**：机械过滤系统|除盐加混床设备|除二氧化碳和离子交换设备等
凝结水处理系统设备	描述型号、规格	**类型示例**：凝结水处理设备等
循环水处理系统设备	描述型号、规格、容积	**类型示例**：循环水处理及加药设备等
给水、炉水校正处理系统设备		**类型示例**：给水|炉水校正处理系统设备等
脱硫设备	描述型号、规格、出力、容积	**类型示例**：石粉仓|吸收塔|脱硫附属机械及辅助设备等
低压锅炉本体设备	描述结构形式、蒸汽出率、热功率	**结构形式示例**：成套整装锅炉|散装和组装锅炉等
低压锅炉附属及辅助设备	描述型号、规格、质量、出力	**类型示例**：除尘器|水处理设备|换热器|输煤设备（上煤机）|除渣机|齿轮式破碎机等

E.0.8 静置设备与工艺金属结构制作安装特征的描述应符合表 E.0.8 的规定。

表 E.0.8　静置设备与工艺金属结构制作安装特征

工程特征	描述方式及内容	描述示例
静置设备	描述构造形式、材质、规格、质量、压力、容积、附件种类	**构造形式示例：**容器|塔器|换热器|空气冷却器|反应器|催化裂化再生器|催化裂化沉降器|催化裂化旋风分离器|空气分馏塔等
工业炉	描述结构、能力、质量、附件种类	**结构类型示例：**燃烧炉|灼烧炉|裂解炉|转化炉|化肥装置加热炉|芳烃装置加热炉|炼油厂加热炉|废热锅炉等
金属油罐	描述构造形式、材质、容量、压力、附件种类、盘管、排管管径、长度	**构造形式示例：**拱顶罐|浮顶罐|低温双壁金属罐|大型金属油罐|加热器等
球形罐	描述材质、容量、厚度、质量、压力、附件种类	
气柜	描述构造形式、容量、质量、附件种类	
工艺金属结构	描述构造形式、材质、质量、高度、跨度、规格	**构造形式示例：**联合平台|平台|梯子|栏杆|扶手|桁架|管廊|设备框架|单梁结构|设备支架|漏斗|料仓|烟囱|烟道|火炬及排气筒等
铝制、铸铁、非金属设备	描述构造形式、材质、质量、规格、型号	**构造形式示例：**容器|塔器|热交换器等
撬块	描述功能、质量、面积	**功能示例：**仪表|泵|设备|应急发电机等
无损检验	描述种类、板厚、规格、设备质量、设备容积	**种类示例：**X 射线探伤|γ 射线探伤|超声波探伤|磁粉探伤|渗透探伤|整体热处理等

E.0.9 电气特征的描述应符合表 E.0.9 的规定。

表 E.0.9 电气特征

工程特征		描述方式及内容	描述示例
变配电装置	高压配电装置	描述类型	示例：断路器柜|互感器柜|电容器柜|其他柜等
	低压配电装置		示例：控制屏|低压开关柜|蓄电池屏等
	变压器	描述类型及容量	示例：油浸电力变压器|干式变压器|整流变压器|自耦变压器|有载调压变压器|电炉变压器等
	发电机	描述类型及功率	示例：柴油机|柴油发电机组|电动机|电动发电机组等
控制设备及低压电器	配电箱	描述类型	示例：照明配电箱|动力配电箱等
	插座箱		示例：防水型插座箱等
	母线	描述类型及截面积+单位 mm²	类型示例：软母线|带形母线|槽形母线|共箱母线|封闭式母线槽|重型母线等 截面积示例：10 mm²
电缆	电力电缆	描述类型	示例：铜芯电缆|铝芯电缆|预分支电缆|矿物绝缘电缆等
	控制电缆		示例：控制电缆|矿物绝缘控制电缆等

	工程特征	描述方式及内容	描述示例
10 kV以下架空配电线路	电杆	描述材质	**示例：**木杆|水泥杆|金属杆等
	横担	描述安装类型、组装方式	**安装类型：**10 kV 以下|1 kV 以下|进户线等 **示例：**单根|双根|四线双根等
	导线	描述材质	**示例：**铝绞线|钢芯绞线等
	架空设备	描述类别	**示例：**变压器|熔断器|避雷器|隔离开关|油开关|配电箱等
配管、配线	配管	描述材质	**示例：**镀锌电线管|焊接钢管|镀锌钢管|紧定（扣压）式薄壁钢管|刚性阻燃管|硬质聚氯乙烯管|双壁波纹管|可挠性金属套管|金属软管等
	线槽		**示例：**金属线槽|塑料槽等
	桥架		**示例：**钢制|玻璃钢|铝合金等
	配线		**示例：**铜芯线|铝芯线|多芯软导线|护套线等
照明器具		描述类型	**描述示例：**普通灯具|装饰灯|一般路灯等
光伏电气	控制设备	描述类型	**示例：**太阳能电池板|太阳能电池屏|光伏逆变器|太阳能控制器等
	灯具		**示例：**太阳能路灯等
	太阳能集热装置		**示例：**太阳能集热器等
电气系统调整试验		描述系统	**示例：**电力变压器系统|送配电装置系统等

E.0.10 建筑智能化特征的描述应符合表 E.0.10 的规定。

表 E.0.10 建筑智能化特征

工程特征	描述方式及内容	描述示例
计算机应用、网络系统	描述类别、规格、功能、容量	**类别示例：**输入设备|输出设备|控制设备|存储设备|插箱|机柜|互联电缆|接口卡|集线器|路由器|收发器|防火墙|交换机|网络服务器|软件等
综合布线系统	描述类别、材质、规格、容量	**类别示例：**机柜|机架|抗震底座|分线接线箱（盒）|电视|电话|信息插座|双绞线缆|大对数电缆|光缆|光纤束|光缆外护套|跳线|配线架|跳线架|光纤盒|光纤连接|光缆终端盒|尾纤|线管器|跳块|双绞线缆测试|光纤测试等
建筑设备自动化工程	描述类别、功能、控制点数量	**类别示例：**中央管理系统|通信网络控制设备|控制器|控制箱|第三方通信设备接口|传感器|电动调节阀执行机构|电动|电磁阀门|建筑设备自控化系统调试|建筑设备自控化系统试运行等
建筑信息综合管理系统	描述类别、规格	**类别示例：**服务器|服务器显示设备|通信接口输入输出设备|系统软件|基础应用软件|应用软件接口|应用软件二次|系统联动试运行等

工程特征	描述方式及内容	描述示例
有线电视及卫星接收系统	描述类别、功能、规格、容量	**类别示例**：共用天线|卫星电视天线|馈线系统|前端机柜|电视墙|射频同轴电缆|前端射频设备|卫星地面站接收设备|光端设备|有线电视系统管理设备|播控设备|干线设备|分配网络|终端调试等
音频、视频系统	描述类别、规格、功能、特性指标	**类别示例**：扩声系统设备|背景音乐系统设备|视频系统设备|系统调试|试运行等
节能系统		
远程采集系统	描述远程采集类型	**示例**：水|电|气等
安全防范系统	描述类别、规格、功率、存储容量、格式、探测范围	**类别示例**：入侵探测设备|入侵报警控制器|入侵报警中心显示设备|入侵报警信号传输设备|出入口目标识别设备|出入口控制设备|出入口执行机构设备|监控摄像设备|视频控制设备|音频|视频及脉冲分配器|视频补偿器|视频传输设备|录像设备|显示设备|安全检查设备|停车场管理设备|系统调试|试运行等

E. 0. 11　自动化控制仪表安装特征的描述应符合表 E.0.11 的规定。

表 E.0.11　自动化控制仪表安装特征

工程特征	描述方式及内容	描述示例
过程检测仪表	描述型号、规格、类型、功能	**类型示例**：温度仪表|压力仪表|变送单元仪表|流量仪表|物位检测仪表等
显示及调节控制仪表	描述型号、规格、功能	**类型示例**：显示仪表|调节仪表|基地式调节仪表|辅助单元仪表|盘装仪表等
执行仪表	描述型号、规格、功能	**类型示例**：执行机构|调节阀|自力式调节阀|执行仪表附件等
机械量仪表	描述型号、规格、功能	**类型示例**：测厚测宽及金属检测装置|旋转机械检测仪表|称重及皮带跑偏检测装置等
过程分析和物性检测仪表	描述型号、规格、功能	**类型示例**：过程分析仪表|物性检测仪表|特殊预处理装置|分析柜|室|气象环保检测仪表等
仪表回路模拟试验	描述型号、规格、点数量	**类型示例**：检测回路模拟试验|调节回路模拟试验|报警联锁回路模拟试验|工业计算机系统回路模拟试验等
安全监测及报警装置	描述型号、规格、点数量	**类型示例**：安全监测装置|远动装置|顺序控制装置|信号报警装置|信号报警装置柜|箱|数据采集及巡回检测报警装置等
工业计算机安装与调试	描述型号、规格、功能、规模、芯数	**类型示例**：工业计算机柜|台设备|工业计算机外部设备|组件（卡件）|过程控制管理计算机调试|生产|经营管理计算机调试|网络系统及设备联调|工业计算机系统调试|与其他系统数据传递调试|现场总线调试|专用线缆等

工程特征	描述方式及内容	描述示例
仪表管路	描述规格、材质、芯数	**类型示例**：钢管|高压管|不锈钢管|有色金属管及非金属管|管缆等
仪表盘、箱、柜及附件	描述型号、规格	**类型示例**：盘|箱|柜|盘柜附件|元件等
仪表附件	描述型号、规格、材质	**类型示例**：仪表阀门|仪表附件等

E. 0. 12 通风空调特征的描述应符合表 E.0.12 的规定。

表 E.0.12　通风空调特征

工程特征		描述方式及内容	描述示例
通风空调设备	冷水机组	描述类型	**示例**：溴化锂吸收式|活塞式|离心式|螺杆式等
	热力机组		**示例**：热泵式|地温式等
	锅炉		**示例**：电站锅炉|工业锅炉|生活锅炉|特种锅炉等
	制冰设备	描述制冰方式	**示例**：快速制冰|盐水制冰等
	新风机组	描述类型及风量+单位 m³/h	**类型示例**：单流向新风机组|双流向新风机组|全热交换新风机组 **风量示例**：200 m³/h
	冷却塔	描述冷却方式	**示例**：喷雾式|方形横流式等
	风机	描述类型	**示例**：混流|离心式|轴流式|箱体式等
	空调器	描述安装方式	**示例**：吊顶式|落地式|墙上式|窗式|分段组装式等

工程特征		描述方式及内容	描述示例
通风空调设备	分体空调机	描述安装方式	**示例**：明装|暗装
	空气幕		**示例**：上送式|侧送式|下送式
	风机盘管		**示例**：吊顶式|落地式等
	空气加热器（冷却器）	描述类型	**示例**：热水|蒸汽|电能
	除尘设备		**示例**：惯性除尘设备|生物纳膜除尘设备|喷淋式|气雾式等
	表冷器		**示例**：水冷式|蒸发式等
	过滤器		**示例**：高效|中、低效等
	净化工作台		**示例**：垂直流净化|水平流净化|生物净化等
	风淋室		**示例**：洁净风淋室|净化风淋室|风淋房|吹淋房|风淋门|风淋通道|吹淋室等
	洁净室		**示例**：非单向流洁净室|单向流洁净室|矢量洁净室等
	除湿机		**示例**：冷却除湿机|转轮除湿机|溶液除湿机|管道除湿机|电渗透除湿机等
	人防过滤吸收器		**示例**：500型|1000型等
通风管道及部件	风管	描述类型及材质	**类型示例**：净化型|非净化型 **材质示例**：镀锌钢板|普通钢板|不锈钢|铝板|塑料|玻璃钢|复合玻璃钢（保温型）|复合镁璃钢（保温型）|复合玻纤板（保温型）|复合型|无保温柔性软风管|有保温柔性软风管等

工程特征		描述方式及内容	描述示例
通风管道及部件	风阀	描述材质及类型	**材质示例**: 碳钢|铝|不锈钢|塑料|玻璃钢等 **类型示例**: 调节阀|蝶阀|止回阀|插板阀|瓣式启动阀|上通阀|旁通阀|柔性软风管阀门|人防手动密闭阀等
	风口		**材质示例**: 碳钢|不锈钢|塑料|玻璃钢|铝|铝合金|柚木等 **类型示例**: 百叶风口|散流器|百叶窗|插板风口|活动箅式风口|网式风口|旋转吹风口|送吸风口|空气分布器等
	消声器	描述类型	**示例**: 片式|矿棉管式|聚酯薄膜管式|卡普隆纤维管式|弧形声流式|阻抗复合式等
	静压箱	描述材质	**示例**: 不锈钢|镀锌等
	人防超压自动排气阀	描述类型	**示例**: 防爆超压形|非防爆超压形等
管道工程	管道	描述材质	**示例**: 镀锌管|铜管|不锈钢管|铝塑复合管|UPVC管|PE管
	阀门		**示例**: 铸铁阀门|铸钢阀|合金钢阀|铜合金阀|铝合金阀|铅合金阀|钛合金阀|蒙乃尔合金阀|塑料阀|搪瓷阀|陶瓷阀|玻璃钢阀门等
	泵	描述类型	**示例**: 单级离心式|多级离心式|旋涡泵|电动往复泵|螺杆泵等
	容器		**示例**: 分水器|集水器
通风工程检测、调试		描述系统	**示例**: 通风工程检测调试|风管漏光试验等

E. 0. 13 工业管道特征的描述应符合表 E.0.13 的规定。

表 E.0.13　工业管道特征

工程特征	描述方式及内容	描述示例
低压管道	描述材质、规格、连接形式、焊接方法、位置	**示例：**碳钢管|碳钢伴热管|衬里钢管|不锈钢伴热管|碳钢板卷管|不锈钢管|不锈钢板卷管|合金钢管|钛及钛合金管|镍及镍合金管|锆及锆合金管|铝及铝合金管|铝及铝合金板卷管|铜及铜合金管|铜及铜合金板卷管|塑料管|金属骨架复合管|玻璃钢管|铸铁管|预应力混凝土管等
中压管道	描述材质、规格、连接形式、焊接方法	**示例：**中压碳钢管|中压螺旋卷管|中压不锈钢管|中压合金钢管|中压铜及铜合金管|中压钛及钛合金管|中压锆及锆合金管|中压镍及镍合金管等
高压管道	描述材质、规格、连接形式、焊接方法	**示例：**高压碳钢管|高压合金钢管|高压不锈钢管等
低压管件	描述材质、规格、连接形式、	**示例：**碳钢管件|碳钢板卷管件|不锈钢管件|不锈钢板卷管件|合金钢管件|加热外套碳钢管件（两半）|加热外套不锈钢管件（两半）|铝及铝合金管件|铝及铝合金板卷管件|铜及铜合金管件|钛及钛合金管件|锆及锆合金管件|镍及镍合金管件|塑料管件|金属骨架复合管件|玻璃钢管件|铸铁管件|预应力混凝土转换件等
中压管件	描述材质、规格、焊接方法	**示例：**中压碳钢管件|中压螺旋卷管件|中压不锈钢管件|中压合金钢管件|中压铜及铜合金管件|中压钛及钛合金管件|中压锆及锆合金管件|中压镍及镍合金管件等

工程特征	描述方式及内容	描述示例
高压管件	描述材质、规格、焊接方法	**示例：** 高压碳钢管件|高压不锈钢管件|高压合金钢管件等
低压阀门	描述材质、型号、规格、连接形式、焊接方法	**示例：** 低压螺纹阀门|低压焊接阀门|低压法兰阀门|低压齿轮|液压传动|电动阀门|低压安全阀门|低压调节阀门等
中压阀门	描述材质、型号、规格、连接形式、焊接方法	**示例：** 中压螺纹阀门|中压焊接阀门|中压法兰阀门|中压齿轮|液压传动|电动阀门|中压安全阀门|中压调节阀门等
高压阀门	描述材质、型号、规格、连接形式、焊接方法	**示例：** 高压螺纹阀门|高压法兰阀门|高压焊接阀门等
低压法兰	描述材质、型号、规格、结构形式、	**示例：** 低压碳钢螺纹法兰|低压碳钢焊接法兰|低压铜及铜合金法兰|低压不锈钢法兰|低压合金钢法兰|低压铝及铝合金法兰|低压钛及钛合金法兰|低压锆及锆合金法兰|低压镍及镍合金法兰|钢骨架复合塑料法兰等
中压法兰	描述材质、型号、规格、结构形式、连接形式	**示例：** 中压碳钢螺纹法兰|中压碳钢焊接法兰|中压铜及铜合金法兰|中压不锈钢法兰|中压合金钢法兰|中压钛及钛合金法兰|中压锆及锆合金法兰|中压镍及镍合金法兰等
高压法兰	描述材质、型号、规格、结构形式、连接形式	**示例：** 高压碳钢螺纹法兰|高压碳钢焊接法兰|高压不锈钢焊接法兰|高压合金钢焊接法兰等
板卷管制作	描述材质、规格、焊接方法	**示例：** 碳钢板直管制作|不锈钢板直管制作|铝及铝合金板直管制作等

工程特征	描述方式及内容	描述示例
管件制作	描述材质、规格、焊接方法	**示例：**碳钢板管件制作|不锈钢板管件制作|铝及铝合金板管件制作|碳钢管虾体弯制作|中压螺旋卷管 虾体弯制作|不锈钢管虾体弯制作|铝及铝合金管虾体弯制作|铜及铜合金管虾体弯制作|管道机械煨弯|管道中频煨弯|塑料管煨弯等
管架制作	描述材质、形式、质量	
无损探伤	描述规格、厚度	**示例：**管材表面超声波探伤|管材表面磁粉探伤|焊缝 X 射线探伤|焊缝 γ 射线探伤|焊缝超声波探伤|焊缝磁粉探伤|焊缝渗透探伤等
热处理	描述规格、厚度、压力等级	**示例：**焊前预热|后热处理|焊口热处理等
其他项目	描述材质、规格、质量、类型	**示例：**冷排管制作安装|分、集汽（水）缸制作安装|空气分气筒制作安装|空气调节喷雾管安装|钢制排水漏斗制作安装|水位计安装|手摇泵安装|套管制作安装等

E.0.14 消防特征的描述应符合表 E.0.14 的规定。

表 E.0.14 消防特征

工程特征			描述方式及内容	描述示例
消防水灭火系统	自动喷水灭火系统	管道	描述材质	**示例：**镀锌钢管|普通钢管等
		报警装置	描述类型	**示例：**湿式系统|干式系统|预作用系统|自动喷水及泡沫联用等
		喷头		**示例：**普通喷头|隐蔽式喷头|大流量喷头|高温喷头等
		水泵		**示例：**皮带轮传动喷淋泵|电动喷淋泵等
	消火栓系统	管道	描述材质	**示例：**镀锌钢管|普通钢管等
		消火栓	描述类型	**示例：**单头|双头
		水泵		**示例：**立式单级|立式多级|便拆式多级|卧式多级|卧式单级等
高压细水雾灭火系统			描述固定方式及应用分类	**固定方式示例：**固定系统|移动系统 **应用分类示例：**干管系统|湿管系统
气体灭火系统			描述安装方式、灭火类型、应用分类	**安装方式示例：**管网式|无管网式 **灭火类型示例：**二氧化碳|七氟丙烷|气溶胶|超细干粉等 **应用分类示例：**全淹没系统|局部应用系统等
火灾自动报警系统			描述类型、联动类型、报警容量、联动容量	**类型示例：**报警联动分体式|报警联动一体式 **联动类型示例：**总线制|多线制等 **报警容量示例：**500 点以下|1000 点以下|2000 点以下|2000 点以上等 **联动容量示例：**100 点以下|200 点以下|500 点以下|500 点以上等

工程特征		描述方式及内容	描述示例
防火漏电检测系统		描述点位	示例：500 点以下等
应急照明和疏散指示系统		描述系统分类、主机容量+单位 kW	**系统分类示例：** 自带电源集中控制系统|自带电源非集中控制系统|集中电源集中控制系统|集中电源非集中控制系统等 **主机容量示例：** 3 kW 以下|5 kW 以下|10 kW 以下|10 kW 以上等
防排烟系统	风机	描述安装方式及类型	**安装方式示例：** 落地式|吊装等 **类型示例：** 混流|离心式|轴流式等
	风管	描述材质	**示例：** 普通酚醛|镀锌铁皮等
	风口		**示例：** 铝合金|ABS 等
	防火阀		**示例：** 碳素材|镀锌板等
消防系统调试		描述系统	**示例：** 自动报警系统调试|水灭火控制装置调试等

E. 0. 15 给排水、采暖、燃气特征的描述应符合表 E.0.15 的规定。

表 E.0.15 给排水、采暖、燃气特征

工程特征		描述方式及内容	描述示例
室外管道（总平）	给水管	描述材质	**示例：** 铸铁管|镀锌钢管|焊接钢管|塑料管等
	排水管		**示例：** 铸铁管|PVC-U|塑料管等
室内管道	给水管		**示例：** 铸铁管|不锈钢管|PVC-U|PP-R|不锈钢 304|铜管|镀锌钢管|焊接钢管等

工程特征		描述方式及内容	描述示例
室内管道	地暖管	描述材质	示例：PEX 管|PERT 管等
	排水管		示例：普通铸铁管|球墨铸铁管|PVC-U|孔网钢带管|钢塑复合管|铝塑复合管等
燃气管道（室内室外）			示例：镀锌钢管|PE 燃气管|无缝钢管等
阀门及管道附件	阀门		示例：螺纹阀门|螺纹法兰阀门|焊接法兰阀门|塑料阀门等
	水表		示例：普通水表|远传水表|IC 卡水表等
卫生器具		描述类型	示例：浴盆|洗脸盆|洗涤盆|大便器|小便器|拖布池等
绿化灌溉（总平）			示例：喷头|滴头|滴灌管|取水阀|阀门箱|控制器|阀门|湿度传感器|过滤装置等
雨水及中水收集处理		描述类型及处理量+单位 m³/d	类型示例：格栅|过滤器|消毒设备等 处理量示例：150 m³/d
采暖器具		描述类型	示例：铸铁散热器|成品散热器|地板采暖管铺设|热媒集配器等
采暖、空调工程系统调试		描述系统	示例：采暖工程系统调试|空调水系统调试等

E.0.16 医疗气体特征的描述应符合表 E.0.16 的规定。

表 E.0.16　医疗气体特征

工程特征	描述方式及内容	描述示例
制氧设备	描述应用范围、品牌及容量	应用范围示例：工业|家用|医用
氧气终端	描述品牌	
治疗带		
负压终端		
管道	描述材质	示例：铝塑复合管|UPVC 管|PE 管等
阀门		示例：塑料阀|搪瓷阀|陶瓷阀|玻璃钢阀门等

E.0.17　电梯特征的描述应符合表 E.0.17 的规定。

表 E.0.17　电梯特征

工程特征	描述方式及内容	描述示例
电梯	描述类型、层站+单位站、速度+单位 m/s、载重量+单位 kg	类型示例：电梯|自动扶梯|自动人行道等

E.0.18　道路特征的描述应符合表 E.0.18 的规定。

表 E.0.18　道路特征

工程特征		描述方式及内容	描述示例
路基处理	强夯 · 夯击能量	描述夯击能量+单位 kNm	示例：1 200 kNm|2 000 kNm|3 000 kNm 等
	强夯 · 夯击遍数	描述夯击遍数	示例：1|2|3 等
	土工合成材料	描述做法	示例：土工布|土工格栅|双向土工格栅等

工程特征			描述方式及内容	描述示例
路基处理	盲沟		描述截面尺寸+单位 cm 及材料类型	示例：100 cm × 200 cm 砂砾石
	碎（砂）石桩	土壤类别	描述土壤类别	示例：一、二类土|三类土|综合等
		施工方式	描述施工方式	示例：短螺旋钻机钻孔、灌注|沉管灌注桩机成孔、灌注|长螺旋钻机钻孔、灌注等
		桩径	描述直径+单位 mm	示例：350 mm| 400 mm|450 mm|500 mm 等
	注浆地基		描述注浆参数+单位 MPa、浆液比、注浆量+单位 m³	示例：注浆参数 0.8 MPa，浆液比 0.8∶1，注浆量 1 000 m³
车行道基层	底基层		描述材料类型、厚度+单位 cm	示例：石灰稳定土 厚 30 cm|粉煤灰 厚 25 cm|砂砾石 厚 20 cm|卵石 厚 20 cm|碎石 厚 25 cm|水泥稳定碎（砾）石 厚 25 cm|混凝土 C25 厚 30 cm 等
	下基层			
	上基层			
车行道面层	沥青混凝土路面	下面层	描述材料类型、厚度+单位 cm	示例：SBS 改性沥青混凝土 AC 厚 8 cm|沥青玛琋脂碎石混凝土 SMA-13 厚 8 cm||细粒式沥青混凝土厚 5 cm|稀浆封层等
		中面层		
		上面层		
	混凝土路面			示例：混凝土 C20 厚 20 cm

工程特征		描述方式及内容	描述示例
人行道基层	垫层	描述材料类型、厚度+单位 cm	示例：石灰稳定土 厚 20 cm|粉煤灰 厚 20 cm|砂砾石 厚 20 cm|卵石 厚 20 cm|碎石 厚 25 cm|水泥稳定碎（砾）石 厚 25 cm|混凝土 C20 厚 30 cm 等
	基层		
人行道面层	块料面层		示例：人行道板 厚 6 cm|花岗石 厚 6 cm|透水砖 厚 6 cm 等
	整体面层		示例：彩色透水混凝土 厚 10 cm|混凝土 C20 厚 30 cm 等
边坡防护		描述材料类型	示例：喷播植草|挂网喷植生混凝土|锚杆挂网喷植生混凝土等

E. 0. 19 桥梁特征的描述应符合表 E.0.19 的规定。

表 E.0.19 桥梁特征

工程特征			描述方式及内容	描述示例
桥涵工程	桥梁结构类型	基础形式	描述基础形式	示例：扩大基础|桩基础等
		下部结构	描述桥台梁的类型	示例：重力式桥台等
			描述桥墩类型	示例：花瓶式桥墩|圆柱式桥墩等
			描述梁类型	示例：墩柱系梁等

工程特征			描述方式及内容	描述示例
桥涵工程	桥梁结构类型	上部结构	描述梁类型	**示例**：预制箱梁|现浇箱梁|钢箱梁等
			描述施工工艺	**示例**：悬浇|支架现浇|转体|顶推等
	桥面结构		描述材质及厚度+单位 cm	**示例**：C40 防水混凝土厚 10 cm +中粒式沥青混凝土 AC-20C 厚 6 cm+细粒式沥青玛琋脂碎石混凝土 SMA-13C 厚 4 cm
	基坑与边坡支护		描述支护方式	**示例**：地下连续墙|咬合灌注桩|预应力锚杆|其他锚杆、土钉|喷射混凝土、水泥砂浆等
桥梁混凝土构件	基础	桩基础 类型	描述桩基础类型	**示例**：打预制钢筋混凝土方桩|打预制钢筋混凝土管桩|泥浆护壁成孔灌注桩|干作业成孔灌注桩|人工挖孔灌注桩等
		桩基础 混凝土	描述种类及强度	**种类示例**：普通|抗渗等 **强度示例**：C30|C35|C40，P6 等
		桩基系梁		
		扩大基础、承台		

工程特征			描述方式及内容	描述示例
桥梁混凝土构件	下部结构（不含基础）	桥台	描述桥台类型+强度	**示例：**现浇桥台 C30 等
		墩柱	描述墩柱类型+强度	**示例：**预制墩柱 C40|现浇墩柱 C40 等
	上部结构		描述梁类型+强度	**示例：**预制箱梁 C50|现浇箱梁 C50|现浇连续梁 C50 等
桥梁钢结构	钢柱		描述材料类型+涂装类型+吊装机械种类	**材料类型示例：**345B **涂装类型示例：**喷砂或抛丸达到 Sa2.5 级，耐火极限 2.5 h 等 **吊装机械种类：**汽车吊|行车吊|龙门吊等
	钢梁			
	钢拱			
	悬（斜拉）索			
	钢拉杆			
箱涵混凝土构件	底板		描述种类及强度	**种类示例：**普通|抗渗等 **强度示例：**C30|C35|C40 等
	侧墙			
	顶板			
其他	装饰		装饰材料种类	**示例：**水泥砂浆|虎皮石|清水漆等
	栏杆		描述栏杆类型及高度+单位 m	**示例：**不锈钢栏杆高 1 m|铸造石栏杆高 1 m|预制混凝土栏杆高 1 m 等
	支座		描述类型	**示例：**板式橡胶支座|摩擦摆锤式减隔震支座|盆式支座|球钢支座等
	伸缩装置		描述材质	**示例：**80 型梳形板伸缩缝|80 型模数式伸缩缝等

E. 0. 20 隧道特征的描述应符合表 E.0.20 的规定。

表 E.0.20 隧道特征

工程特征		描述方式及内容	描述示例
隧道工程	开挖方式	描述开挖方式	**示例**：明挖|盖挖|暗挖（矿山法，盾构法）|跟管顶进等
	支护形式	描述支护形式	**示例**：喷射水泥混凝土|锚杆|钢筋网|钢架|桩支护等
	埋置深度	描述埋置深度+单位 m	**示例**：10 m
	断面形式（净空尺寸）	描述断面形状及尺寸+单位 m	**示例**：矩形 2.50 m × 3.0 m
超前支护	支护	描述支护方式	**示例**：超前锚杆|超前管棚|注浆锚杆超前注浆等
	小导管	描述长度+单位 m、直径+单位 mm、壁厚+单位 mm	**示例**：长度 40 m，壁厚 6 mm，直径 ϕ108 mm
	管棚		
	锚杆		
	工作室	描述是否设置	**示例**：是|否
	注浆参数	描述压强+单位 MPa、浆液比、注浆量+单位 m^3	**示例**：压强 0.8 MPa，浆液比 0.8：1，注浆量 1 000 m^3 等

工程特征		描述方式及内容	描述示例
隧道衬砌	初次衬砌	描述支护方式	**示例：**喷射水泥混凝土|锚杆|钢筋网|钢架等
	二次衬砌 混凝土拱部衬砌		**种类示例：**普通|抗渗等 **强度示例：**C30|C35|C40等
	二次衬砌 混凝土边墙衬砌	描述种类及强度	
	二次衬砌 混凝土底板衬砌		
混凝土结构	地梁		
	底板		
	侧墙		
	隔墙		
	柱		
	梁		
	平台		
	顶板		

E. 0. 21 供水管网特征的描述应符合表 E.0.21 的规定。

表 E.0.21 供水管网特征

工程特征		描述方式及内容	描述示例
供水管网	埋置	描述平均深度单位为 m	**示例：**5 m
	基础	描述类型	**示例：**90°砂石基础|90°混凝土基础等
	管道	描述材质、规格	**示例：**球墨铸铁管D400|球墨铸铁管D1200 等

工程特征		描述方式及内容	描述示例
阀门及水表	阀门	描述材质	**示例**：铸铁|钢制|塑料|铜等
	水表	描述类型	**示例**：旋翼式|螺翼式等
消防器具	消火栓	描述安装方式	**示例**：地上式|地下式等
	消防水泵接合器		
井	检查井	描述材质及深度+单位 m	**示例**：混凝土，深度 3 m
	阀门井		

E. 0. 21 排水管网特征的描述应符合表 E.0.21 的规定。

表 E.0.22　排水管网特征

工程特征		描述方式及内容	描述示例
排水管网	埋置	描述平均深度	**示例**：3 m
	基础	描述类型	**示例**：180°砂石基础|360°混凝土满包基础等
	管道	描述材质、规格	**示例**：钢筋混凝土承插管 D500（Ⅱ级）|钢筋混凝土平口管 D300（Ⅱ级）等
检查井		描述材质及深度+单位 m	**示例**：混凝土井 3 m

E. 0. 23 燃气管网特征的描述应符合表 E.0.23 的规定。

表 E.0.23 燃气管网特征

工程特征		描述方式及内容	描述示例
燃气管网工程	埋置	描述平均深度+单位 m	示例：8 m
	基础	描述类型	示例：90°砂石基础|90°混凝土基础等
	管道	描述材质、规格	示例：无缝钢管 D100|无缝钢管 D150 等
阀门		描述材质	示例：铸铁|钢制|塑料|铜等
气体置换及探伤	气体置换	描述气体种类	示例：氮气置换
	探伤	描述方式	示例：X 射线探伤|超声波探伤等

E. 0. 24 路灯特征的描述应符合表 E.0.24 的规定。

表 E.0.24 路灯特征

工程特征		描述方式及内容	描述示例
照明灯具	灯杆	描述材质及高度+单位 m	示例：单挑灯 5 m
	灯架	描述形式	示例：高杆灯|中杆灯等
控制设备及低压电器	箱式变电站	描述容量+单位 kVA	示例：315 kVA|630 kVA 等
电缆		描述种类	示例：电力电缆|控制电缆等
配管		描述材质	示例：镀锌钢管|塑料管等
配线		描述种类	示例：BV-2.5|RVV-2 × 1.5 等

E. 0. 25 交安特征的描述应符合表 E.0.25 的规定。

表 E.0.25　交安特征

工程特征	描述方式及内容	描述示例
交通安全设施	描述安装类型	**示例：** 交通标志|标线|护栏|隔离栅|轮廓标|诱导标|防眩设施等
交通管理设施		**示例：** 监控设施|收费设施|通信设施等

E.0.26　绿化特征的描述应符合表 E.0.26 的规定。

表 E.0.26　绿化特征

工程特征		描述内容及方式	描述示例
栽植前土壤处理	栽植土回填及地形造型	描述填土来源	**示例：** 客土|原土利用|耕地填前清表土远用利用等
重盐碱、重黏土地土壤改良	土壤改良	描述土壤改良方式	**示例：** 物理改良|水利改良|化学改良等
	排盐管	描述材质及埋置深度+单位 m	**材质示例：** 无砂混凝土管|PVC渗水管|无纺布钢丝管等 **埋深示例：** 0.5 m
设施顶面栽植基层（盘）	找坡	描述找坡方式	**示例：** 建筑找坡|结构找坡等
	保温	描述材料种类	**示例：** 聚苯乙烯泡沫塑料板|聚乙烯泡沫塑料板|发泡聚氨酯等
	耐根穿刺防水		**示例：** 丙纶|PVC|TPO|SBS|APP 等
	排蓄水		排蓄水板|卵石|陶粒等
	滤层		**示例：** 聚丙烯|聚酯无纺布等

工程特征		描述内容及方式	描述示例
坡面绿化防护栽植基层	护坡锚固	描述锚固方式	**示例：** 钢管锚杆|预应力钢筋锚杆|非预应力钢筋锚杆|锚索|抗滑桩等
	护坡	描述做法	**示例：** 喷播植草挂网|填石护坡|混凝土实体护坡|框格(架)式混凝土护坡|钢筋混凝土抗滑桩|喷射混凝土护坡|灰浆抹面护坡|石砌网格护坡|石砌实体护坡等
水湿生植物栽植槽	水湿生植物栽植槽、栽植土	描述填土来源	**示例：** 客土|原土利用|耕地填前清表土远用利用等
栽植	栽植乔木	描述种类及胸径+单位 mm	**种类示例：** 银杏|红叶李|桂花|栾树等 **胸径示例：** 80 mm
	栽植灌木	描述种类及植栽密度或土球直径	**示例：** 金叶女贞，30 株/ m²
	栽植竹类	描述竹种类及竹胸径或根盘丛径	**示例：** 楠竹，胸径 60 mm
	栽植棕榈类	描述种类及株高	**示例：** 蒲葵，株高 1 200 mm
	栽植其他植物（绿篱）	描述种类	**示例：** 小黄杨|爬山虎等
	栽植水生植物	描述植物种类	**示例：** 睡莲等
	铺种草皮	描述草皮种类	**示例：** 结缕草等
	养护期	描述类型、养护期	

E. 0. 27 园路园桥特征的描述应符合表 E.0.27 的规定。

表 E.0.27　园路园桥特征

工程特征		描述内容及方式	描述示例
园路与广场铺装	人行园路、广场	描述面层材料和基层材料	**面层材料示例：**碎拼石材|石板材|广场砖|卵石|嵌草|混凝土板块|侧石|冰梅|花街铺地|大方砖|压膜|透水砖|小青砖|自然石块|水洗石|透水混凝土面层等 **基层材料示例：**砂砾、碎石等
	踏（蹬）道	描述路床土石类别	**示例：**石板材|广场砖|混凝土板块等
	路牙铺设	描述材料种类	**示例：**仿花岗石路牙
	树池围牙、盖板（箅子）		**示例：**仿花岗石围牙、高分子盖树池盖板
	嵌草砖（格）铺装		**示例：**混凝土嵌草砖
	金刚墙砌筑		**示例：**花岗石
	石汀步（步石、飞石）		**示例：**青石汀步
	木制步桥	描述木材种类、桥宽度+单位 m	**示例：**松树木制步桥　宽2 m
	栈道	描述材料种类、栈道宽度+单位 m	**示例：**松树木制栈道　宽3 m

工程特征		描述内容及方式	描述示例
机动车道	垫层	描述材料种类、厚度+单位 cm	**示例**：石灰稳定土 厚 30 cm|粉煤灰 厚 25 cm|砂砾石 厚 20 cm|卵石 厚 20 cm|碎石 厚 25 cm|水泥稳定碎（砾）石 厚 25 cm|混凝土 C25 厚 30 cm 等
	底基层		
	基层		
	下面层		**示例**：SBS 改性沥青混凝土 AC 厚 8 cm|粗粒式沥青混凝土 AC-20C|沥青玛瑞脂碎石混凝土 SMA-13 厚 8 cm|细粒式沥青混凝土厚 5 cm 等
	上面层		
人行景观石桥	桥基础	描述基础类型	**示例**：混凝土墩台|石砌墩台等
	石桥墩、石桥台	描述石料种类	**示例**：粗面青条石
	拱券石		**示例**：青条石
	石券脸		
	石桥面铺筑		**示例**：青条石
	石桥面檐板		**示例**：青条石
车行道桥	桥基础	描述基础类型	**示例**：扩大基础|桩基础等
	桥承重结构	描述材料种类	**示例**：钢筋混凝土板梁|钢筋混凝土箱梁等
	桥面		**示例**：C40 防水混凝土厚 10 cm +中粒式沥青混凝土 AC-20C 厚 6 cm +细粒式沥青玛瑞脂碎石混凝土 SMA-13C 厚 4 cm

E. 0. 28 园林景观特征的描述应符合表 E.0.28 的规定。

表 E.0.28 园林景观特征

工程特征		描述内容及方式	描述示例
驳岸、护岸	石（卵石）砌驳岸	描述石料种类、规格	示例：水冲大鹅卵石等
	原木桩驳岸	描述木材种类、桩直径+单位 mm、单根长度+单位 m	示例：松木，桩径 80 mm，长 3 000 mm｜柳木，桩径 80 mm，长 3 000 mm｜硬质杂木，桩径 80 mm，长 3 000 mm 等
	满(散)铺砂卵石护岸（自然护岸）	描述护岸平均宽度+单位 m	示例：2 000 m
	点（散）布大卵石	描述大卵石粒径+单位 mm	示例：80 mm｜100 mm｜200 mm 等
	框格花木护岸	描述展开宽度+单位 m、护坡材质、框格种类与规格	示例：钢筋混凝土 300×400 格构梁，框格 3 m×4 m
堆塑假山	堆筑土山丘	描述土丘高度+单位 m、土丘底外接矩形面积	示例：丘高 15 m，底外接矩形面积 500 m²
	堆砌石假山	描述堆砌高度+单位 m、石料种类、单块质量+单位 kg	示例：千层石堆砌，山高 5 m，单块最大质量小于 1 000 kg
	塑假山	描述假山高度+单位 m、骨架材料、山皮料种类	示例：钢骨架塑假山，山高 5 m、GRC 山皮
	石笋	描述石笋高度+单位 m、石笋材料种类	示例：石灰岩天然石笋、高 1 m｜水泥混凝土石笋，高 1 m 等
	点风景石	描述石料种类、石料规格、质量+单位 kg	示例：非规整太湖石，最大质量 1 500 kg｜500×1 000×2 000 汉白玉石，质量 2 600 kg 等

工程特征		描述内容及方式	描述示例
堆塑假山	池、盆景置石	描述底盘种类、山石高度+单位 m、种类	示例：钢筋混凝土盆置景石，山石高 1.2 m｜陶瓷盆置景石，山石高 1.0 m｜水磨石盆置景石，山石高 0.8 m 等
	山（卵）石护角	描述石料种类、规格	示例：非规整卵石护角等
	山坡（卵）石台阶	描述石料种类、规格	示例：不规整块石打荒等
原木、竹构件	原木(带树皮)柱、梁、檩、椽	描述原木种类、连接方式	示例：楠木｜松木等
	原木（带树皮）墙		
	树枝吊挂楣子		
	竹柱、梁、檩、椽	描述竹种类、连接方式	示例：楠竹等
	竹编墙		
	竹吊挂楣子	描述竹种类	
花架	现浇混凝土花架柱、梁	描述混凝土强度等级	示例：C25 混凝土｜C30 混凝土等
	木花架柱、梁	描述木材种类	示例：杉木｜松木｜水曲柳等
	竹花架柱、梁	描述竹种类	示例：楠竹等
园林设施	预制钢筋混凝土飞来椅	描述座凳面厚度、宽度+单位 cm	示例：凳面厚度 3 cm，宽度 45 cm
	水磨石飞来椅		
	竹制飞来椅	描述竹材种类、座凳面厚度+单位 cm、宽度+单位 cm	示例：楠竹凳面厚度 3 cm，宽度 45 cm

工程特征		描述内容及方式	描述示例
园林设施	现浇混凝土桌凳	描述桌凳形状	示例：八仙桌，凳鼓形｜四方桌，柱形等
	预制混凝土桌凳		
	石桌石凳	描述石材种类	
	水磨石桌凳	描述基础形状、尺寸、埋设深度+单位 m	
	塑树根桌凳	描述桌凳直径+单位cm、高度+单位 cm	
	塑树节椅		示例：高 45 cm
	塑料、铁艺、金属椅	描述木座板面截面	示例：高 45 cm
	石灯、石球	描述石料种类、石灯高度+单位 cm	示例：石理石｜汉白玉｜水磨石等
	塑仿石音箱	描述音箱石内空尺寸	示例：300×400×500
	铁艺栏杆	描述高度+单位 cm	示例：栏杆高 110 cm
	塑料栏杆		
	钢筋混凝土艺术围栏		
园林供水工程	喷泉管道	描述材料品种及规格	示例：304 不锈钢｜镀锌钢管等
	喷灌管道		
	喷泉设备	描述设备品种	示例：通用泵｜气压喷水助流装置等

E. 0. 29 车站特征的描述应符合表 E.0.29 的规定。

表 E.0.29　车站特征

工程特征		描述内容及方式	描述示例
车站概况	车站形式	描述形式	示例：换乘站|标准站|文化站等
	出入口形式	描述出入口形式	示例：封闭式|开放式等
	覆土	描述覆土厚度+单位 m	示例：3 m
	长度	描述长度+单位 m	示例：100 m
	埋深	描述深度+单位 m	示例：2 m
	层数	描述层数+单位层	示例：三层
	施工方法	描述施工方法	示例：明挖|盖挖
	建筑面积	描述面积+单位 m²	示例：50000 m²
围护(支护)结构工程		描述类型	示例：土钉墙|灌注桩|地下连续墙等
降水		描述数量+单位口	示例：5 口
地下车站	混凝土结构工程	中板	描述种类及强度	种类示例：普通|抗渗等 强度示例：C30|C40|C50，P6 等
		顶板		
		底板		
		站台板		
		隔墙		
		侧墙		
		柱		
		梁		
		钢筋	描述钢筋类别	示例：带肋高强钢筋等
	防水工程		描述材质及方法	示例：卷材|板材|刚性|涂料等

工程特征			描述内容及方式	描述示例
地面车站	混凝土结构工程	顶板	描述种类及强度	种类示例：普通|抗渗等 强度示例：C30|C40|C50 等
		中板		
		站台板		
		侧墙		
		柱		
		梁		
	钢筋		描述钢筋类别	示例：带肋高强钢筋等
高架车站	下部结构	桩基础	描述桩类别	示例：预制混凝土方桩|预应力混凝土管桩|预应力混凝土板桩|钢管桩|旋挖桩|钻孔灌注桩|沉管桩|钻孔压浆桩等
		承台	描述结构形式	示例：现浇|预制等
		桥墩		
	上部结构	梁		
		桥面系	描述系统内容	示例：桥面铺装|桥面板|防水排水系统|人行道等
	附属工程		描述类型	示例：锥体|缺口建筑等
	房屋		描述结构形式	示例：钢结构|混凝土结构等
装饰装修	地面		描述材质	示例：花岗岩|大理石等
	墙面			示例：装饰板|块料|石材等
	天棚			示例：T 形龙骨矿棉板|轻钢龙骨石膏板|木龙骨铝塑板等
	外立面装饰（高架车站）			示例：T 形龙骨矿棉板|轻钢龙骨石膏板|木龙骨铝塑板等
	其他装饰			示例：文化墙等

E.0.30 区间特征的描述应符合表 E.0.30 的规定。

表 E.0.30 区间特征

<table>
<tr><th colspan="3">工程特征</th><th>描述内容及方式</th><th>描述示例</th></tr>
<tr><td rowspan="13">地下区间</td><td rowspan="7">盾构法区间</td><td rowspan="2">盾构掘进</td><td>盾构形式</td><td>描述盾构形式</td><td>**示例**：土压平衡盾构｜泥水平衡盾构｜复合土压平衡盾构等</td></tr>
<tr><td>盾构机尺寸</td><td>描述内径+单位 m，外径+单位 m</td><td>**示例**：内径 5 m，外径 6 m</td></tr>
<tr><td colspan="2">管片</td><td>描述材质</td><td>**示例**：混凝土｜钢管片｜复合材料等</td></tr>
<tr><td colspan="2">洞口注浆加固</td><td>描述浆液类型</td><td>**示例**：水泥浆｜水泥砂浆｜水泥水玻璃双液浆等</td></tr>
<tr><td colspan="2">穿越建构筑物加固</td><td>描述材料类型</td><td>**示例**：袖阀管｜水泥浆等</td></tr>
<tr><td colspan="2">联络通道</td><td>描述数量+单位个</td><td>**示例**：4 个</td></tr>
<tr><td rowspan="7">矿山法区间</td><td rowspan="4">土石方工程</td><td>施工方法</td><td>描述施工方法</td><td>**示例**：钻爆法等</td></tr>
<tr><td>断面</td><td>描述断面面积</td><td>**示例**：≤35 m²</td></tr>
<tr><td>土方</td><td>描述土类别</td><td>**示例**：一、二类土｜三类土｜四类土等</td></tr>
<tr><td>石方</td><td>描述石类别</td><td>**示例**：极软岩｜软岩｜较软岩｜较硬岩｜坚硬岩等</td></tr>
<tr><td rowspan="2">超前支护</td><td>支护</td><td>描述支护方式</td><td>**示例**：超前锚杆｜超前管棚｜注浆锚杆超前注浆等</td></tr>
<tr><td>小导管</td><td>描述小导管长度+单位 m、直径+单位 mm、壁厚+单位 mm</td><td>**示例**：长度 40 m，壁厚 6 mm，直径 ϕ108 mm</td></tr>
</table>

工程特征				描述内容及方式	描述示例
地下区间	矿山法区间	超前支护	管棚	描述管棚长度+单位 m、直径+单位 mm、壁厚+单位 mm	
			锚杆	描述锚杆长度+单位 m	示例：15 m
			注浆	描述注浆参数+单位 MPa、浆液比、注浆量+单位 m³	示例：注浆参数 0.8 MPa，浆液比 0.8：1，注浆量 1 000 m³
		隧道衬砌	初次衬砌	描述支护方式	示例：喷射水泥混凝土|锚杆|钢筋网|钢架等
			二次衬砌 混凝土拱部衬砌 混凝土边墙衬砌 混凝土底板衬砌	描述种类及强度	种类示例：普通|抗渗等 强度示例：C30|C40|C50 等
		注浆加固		描述浆液类型	示例：水泥浆|水泥砂浆、水泥水玻璃双液浆等
		穿越建构筑物加固		描述方式	示例：袖阀管|水泥浆等
		防水工程		描述材质	示例：卷材|板材|刚性|涂料等

工程特征			描述内容及方式	描述示例
地下区间	明挖区间	围护(支护)结构工程	描述类别	**示例：**土钉墙|灌注桩|地下连续墙等
		土石方 — 土壤类别	描述土壤类别	**示例：**一、二类土|三类土|四类土|综合等
		土石方 — 岩石类别	描述岩石类别	**示例：**极软岩|软岩|较软岩|较硬岩|坚硬岩|综合等
		土石方 — 开挖深度	描述深度+单位 m	**示例：**5 m
		土石方 — 开挖方式	描述开挖方式	**示例：**人工挖土|机械挖土|爆破等
		土石方 — 运输距离	描述距离+单位 km	**示例：**10 km
		土石方 — 弃土外运	描述是否发生弃土外运	**示例：**是|否
		土石方 — 回填	描述材料类型	**示例：**素土|2：8 灰土|3：7 灰土|级配砂石等
		主体结构 — 顶板	描述种类及强度	**种类示例：**普通|抗渗等
		主体结构 — 底板		**强度示例：**C30|C40|C50 等
		主体结构 — 墙		
		防水工程	描述材质	**示例：**卷材|板材|刚性|涂料等

工程特征		描述内容及方式	描述示例
高架区间	基础形式	描述基础形式	**示例：** 扩大基础|桩基础等
	下部结构	描述桥台、桥墩、梁的类型	**示例：** 重力式桥台+花瓶式桥墩|重力式桥台+圆柱式桥墩+墩柱系梁等
	上部结构 梁	描述梁类型	**示例：** 预制箱梁|现浇箱梁|钢箱梁等
	上部结构 施工工艺	描述施工工艺	**示例：** 悬浇|支架现浇|转体|顶推等
	上部结构 桥面系	描述系统内容	**示例：** 桥面铺装|桥面板|防水排水系统|人行道等
	附属工程	描述类型	**示例：** 锥体|缺口建筑等

E. 0. 31 轨道特征的描述应符合表 E.0.31 的规定。

表 E.0.31　轨道特征

工程特征		描述内容及方式	描述示例
地下线	道床	描述形式	**示例：** 预制|混凝土等
	道床	描述铺设	**示例：** 有砟|无砟
	道岔	描述材质	**示例：** 混凝土|木质等
	钢轨	描述类型及质量+单位 kg/m	**示例：** 50 kg/m 钢轨|60 kg/m 钢轨等
	线路	描述类型	**示例：** 有缝线路|无缝线路等
	减震段	描述等级	**示例：** 中等|高等|特殊等

工程特征		描述内容及方式	描述示例
高架线	道床	描述形式	示例：预制|混凝土等
		描述铺设	示例：有砟|无砟
	道岔	描述材质	示例：混凝土|木质等
	钢轨	描述类型及质量+单位 kg/m	示例：50 kg/m 钢轨|60 kg/m 钢轨等
	线路	描述类型	示例：有缝线路|无缝线路等
	减震段	描述等级	示例：中等|高等|特殊等
地面线	道床	描述形式	示例：预制|混凝土等
		描述铺设	示例：有砟|无砟
	道岔	描述材质	示例：混凝土|木质等
	钢轨	描述类型及质量+单位 kg/m	示例：50 kg/m 钢轨|60 kg/m 钢轨等
	线路	描述类型	示例：有缝线路|无缝线路等
	减震段	描述等级	示例：中等|高等|特殊等
辅助线	道床	描述形式	示例：预制|混凝土等
		描述铺设	示例：有砟|无砟
	道岔	描述材质	示例：混凝土|木质等
	钢轨	描述类型及质量+单位 kg/m	示例：50 kg/m 钢轨|60 kg/m 钢轨等
	线路	描述类型	示例：有缝线路|无缝线路等
车场线	道床	描述形式	示例：预制|混凝土等
		描述铺设	示例：有砟|无砟
	道岔	描述材质	示例：混凝土|木质等
	钢轨	描述类型及质量+单位 kg/m	示例：50 kg/m 钢轨|60 kg/m 钢轨等
	线路	描述类型	示例：有缝线路|无缝线路等
疏散平台		描述材质	示例：混凝土|复合材料等

E.0.32 系统工程特征的描述应符合表 E.0.32 的规定。

表 E.0.32　系统工程特征

工程特征		描述内容及方式	描述示例
通信		描述用途	示例：专用|公安|应急等
信号	信号线路	描述材质	示例：光缆|铜缆等
	设备类型	描述主要规格型号	示例：发车计时器|定向天线|电动转辙装置| 计轴传感器等
供电	变电所		示例：110 kV 三相双绕组变压器|所用变压器|电抗器|单相隔离开关|小电阻接地装置|SF6 全封闭组合电器(GIS)|绝缘在线检测系统|110 kV 线路保护屏等
	接触网		示例：刚性接触网|柔性接触网|汇流排等
	牵引网		示例：接触轨等
	电力监控（SCADA）		示例：电能量采集柜等
	应急电源		示例：EPS 电源柜等
	动力与照明	隧道灯	示例：筒式支架单管荧光灯|带反射罩单管荧光灯|带反射罩双管荧光灯|隔栅嵌入式荧光灯盘|三防单管荧光灯|LED 面板灯|筒灯等
		配电箱	示例：双电源切换箱|动力配电箱|安全照明配电箱|车站维修电源箱等

111

工程特征			描述内容及方式	描述示例
供电	动力与照明	控制柜	描述主要规格型号	**示例：** 进线柜|低压开关柜|蓄电池屏|双电源切换柜|馈线柜|控制屏等
		阀类接线		**示例：** 电动蝶阀等
		电动机接线		
综合监控				**示例：** 三层交换机|服务器|工作站|操作站|前置通信处理器（FEP）|综合后备盘IBP等
火警自动报警、环境与设备监控	火灾自动报警系统（FAS）	探测器		**示例：** 吸气式探测器（含配套采样管）|感温光纤主机|智能感烟探测器等
		报警联动一体机		**示例：** 火灾自动报警控制盘等
		显示器		**示例：** 报警复示屏|手动报警按钮（带地址）等
		远程控制器		**示例：** 缆式线型定温探测器控制器等
		消防广播		**示例：** 消防广播主机等
		消防通信设备		**示例：** 消防电话主机等
		备用电源		**示例：** 专用电源等
		火灾显示板		**示例：** 火灾显示板等
		电动防火门防火卷帘门		**示例：** 电动防火门防火卷帘门等

工程特征			描述内容及方式	描述示例
火警自动报警、环境与设备监控	环境与设备监控（BAS）	计算机	描述主要规格型号	示例：BAS 维护工作站等
		控制网络设备通信设备		示例：车站 A 端 I/O|车站 B 端 I/O|工业以太网交换机等
		控制器模块		示例：IBP 盘 RI/O 模块|IBP 盘控制器设备箱等
		传感器		示例：二氧化碳传感器|温湿度传感器（壁挂式）|温湿度传感器（管道式）等
		变送器		示例：光电转换器等
		流量计		示例：流量计等
		阀门执行		示例：电动阀门等
		接点连线		示例：接点连线等
		系统调试		示例：监控系统软件等
安防及门禁	入侵探测设备			示例：彩色半球定焦摄像机（含附件）|彩色一体化摄像机（含附件）|脉冲高压电子围栏等
	报警控制器及显示设备			示例：周界报警终端及控制主机（含操作键盘）|16 路视频分析服务器组（含软件）等
	报警信号传输设备			示例：交换机等
	执行设备			示例：系统管理计算机等

工程特征			描述内容及方式	描述示例
通风、空调与供暖	通风设备		描述主要规格型号	**示例**：回/排风机|风机盘管等
	空调设备			**示例**：冷却塔|冷水泵|冷却水泵|空调机组等
	供暖设备			
给水与排水、消防	车站给水、排水与水消防	给水		**示例**：铸铁管|镀锌钢管|焊接钢管|塑料管等
		排水		**示例**：铸铁管|PVC-U|塑料管等
		消防		**示例**：镀锌钢管|普通钢管等
	区间排水及水消防	排水		**示例**：铸铁管|PVC-U|塑料管等
		消防		**示例**：镀锌钢管|普通钢管等
	气体灭火	气体灭火控制器		**示例**：报警控制主机等
		气体瓶柜安装		**示例**：钢瓶|柜式主机等
		系统组件安装		**示例**：系统组件安装等
		阀驱动装置安装		**示例**：选择阀等
自动售检票（AFC）	售验票设备			**示例**：自动售票机|进出站检票机等
	系统软件			**示例**：车站服务器系统软件|车站服务器网络软件等

工程特征			描述内容及方式	描述示例
站内客运设备、站台门	车站辅助设备		描述主要规格型号	示例:轮椅升降台|不间断电源等
	自动扶梯与电梯			示例:透明电梯|电梯|自动扶梯(室内型)|自动扶梯(室外型)等
	站台门	门体		示例:固定门|滑动门|应急门|门柱及门槛 屏蔽门或全高安全门|端门单元|门体|门楣及盖板|防踏空胶条|瞭望灯带等
		控制系统		示例:门机系统|门控单元|中央控制盘|就地控制盘|就地控制盒等
运营控制中心			描述主要设备	示例:中央通信设备|调度电话|广播系统|闭路电视监视系统|消防监控|可视对讲门铃|门禁系统|安全保障系统等
人防	人防门		描述主要类型	示例:钢结构无门槛双扇防护密闭门|清洁式进风(单扇)防护密闭门|进风机密闭门等
	防淹门			示例:密闭式防水门|电动升降式防水门等

E.0.33 结构加固特征的描述应符合表 E.0.33 的规定。

表 E.0.33　结构加固特征

工程特征			描述方式及内容	描述示例
砖石工程	砌体加固	新砌	描述部位	**示例**：基础|墙|柱|垫层
		加固	描述部位	**示例**：墙面|柱
			描述方法	**示例**：抹水泥砂浆|喷射水泥砂浆|压力灌浆等
	掏安门窗洞口		描述洞口及过梁种类	**洞口种类示例**：门洞|窗洞等 **过梁种类示例**：木|钢筋混凝土|砖券等
	窗改门		描述墙脚材质	**示例**：毛石|条石|砖墙等
	门改窗		描述下墙材质	**示例**：毛石|砖等
	其他		描述零星项目种类	**示例**：凿孔|剔槽|压浆干砌砂浆锚杆|安膨胀螺栓等
	石砌体		描述种类	**示例**：基础|地坪及散水|明沟|暗沟等
	石翻修		描述种类	**示例**：暗沟|明沟|栏杆|踏步|平台|海面|盖板等
混凝土及钢筋混凝土工程	现浇混凝土构件	垫层	描述混凝土种类及强度等级	**种类示例**：普通|抗渗等 **强度示例**：C15|C20|C25|C40，P6 等
		基础		
		构造柱		
		圈梁		
		过梁		
		其他及零星项目		

工程特征			描述方式及内容	描述示例
混凝土及钢筋混凝土工程	基础加固		描述混凝土种类及强度等级	**种类示例：** 普通|抗渗等 **强度示例：** C15|C20|C25|C40，P6 等
	柱加固	包砖柱		
		新增抗震柱		
		加附墙柱		
		柱截面加大		
		柱梁接头、加牛腿		
	梁加固	加基础梁		
		销键孔		
		加附墙圈梁		
		板下加梁		
		梁下加固、加大		
	板加固	置换板		
		原板上浇叠合层		
		零星混凝土		
	墙加固	新增抗震墙		
		砖（混凝土）墙面包混凝土		
		墙面喷射混凝土	描述厚度+单位mm	**示例：** 35 mm|50 mm 等
		钢丝（钢丝绳）网片加固（聚合物砂浆）		

工程特征			描述方式及内容	描述示例
混凝土及钢筋混凝土工程	特殊加固	结构植钢筋、植螺杆	描述直径+单位 mm	示例：$\phi 8$ mm|$\phi 10$ mm|$\phi 12$ mm|等
		植化学锚栓	描述化学螺栓的种类及胶的种类	**化学螺栓的种类示例**：M10|M12|M16 等 胶的种类示例：结构胶等
		直接法结构胶黏钢	描述厚度+单位 mm	示例：5 mm|10 mm|15 mm|20 mm 等
		后注工法结构胶黏钢		
		后注工法灌注水泥浆加固		
		粘贴碳纤维布	描述类别+单位 g/m²	示例：200g/m²|300g/m² 等
		混凝土裂缝或灌浆封闭	描述裂缝宽度范围数值+单位 mm	示例：0.2 mm≤裂缝宽度＜0.5 mm|裂缝宽度＞0.5 mm
	钢筋、预埋铁件制作安装		描述种类	示例：圆钢|螺纹钢|铁件|钢丝网等
木结构加固	木楼地板		描述接口的形式	示例：毛木|平口|企口等
	木楼梯		描述拆换组件	示例：踏步|踢脚板|梯等
	木屋架		描述拆换的组件	示例：剪刀撑|支撑|拉条|夹板等
	木梁柱		描述构件的断面	示例：方|圆等

工程特征		描述方式及内容	描述示例
木结构加固	檩木、支撑	描述构件的断面	**示例：**方|圆等
	屋面木基层、封檐板	描述屋面木基层拆换的部件	**示例：**檩条|挂瓦条|封檐板|屋面板|天沟等
	穿斗屋架	描述穿斗屋架拆换的部件	**示例：**柱|挂筒|穿枋|挑枋|地脚枋|照面枋等
金属构件		描述加固及拆换构件的类型	**示例：**柱|梁|檩条|支撑|拉条|屋架|平台|走道|钢梯等
屋面工程	瓦屋面修补、拆换	描述材质	**示例：**平瓦|小青瓦|石棉瓦|琉璃瓦等
	型材屋面拆换		**示例：**金属压型板|彩色涂层钢板|玻璃钢|阳光板等
	屋面排水拆换及其他		**示例：**水落管|檐沟|水斗|火连圈|上人孔等
	防水翻修、砍补 卷材防水		**示例：**改型沥青防水卷材|聚乙烯丙纶卷材|自粘性改型沥青防水卷材|聚氯乙烯PVC卷材|三元乙丙橡胶卷材|PSS合金卷材|硬泡聚氨酯|热塑性聚烯烃卷材等

工程特征		描述方式及内容	描述示例
屋面工程	防水翻修、砍补	涂膜防水	描述种类	示例：橡化沥青防水涂料|三元乙丙橡胶防水涂料|聚氯酯防水涂料|聚脲防水涂料|聚合物水泥基（JS）防水涂料|水乳型硅胶防水涂料|丙烯酸酯防水涂料|聚丁橡胶改性沥青防水涂料等
		刚性防水	描述是否加筋	示例：有|无
			描述厚度+单位mm	示例：30 mm|40 mm等
	保温翻修、砍补		描述部位	示例：屋面|楼地面|外墙|内墙等
			描述材质	示例：加气混凝土块|水泥炉渣|水泥珍珠岩|聚苯乙烯|挤塑板|聚苯颗粒|中空玻化微珠保温等
			描述厚度+单位mm	示例：20 mm|30 mm等

E.0.34 装饰维修特征的描述应符合表 E.0.34 的规定。

表 E.0.34　装饰维修特征

工程特征			描述方式及内容	描述示例
装饰工程	楼地面修补	找平层及整体面层修补	描述修补的材质	**示例：** 水泥混凝土|水泥砂浆|水磨石|自流平等
		块料面层修补		**示例：** 陶瓷锦砖|陶瓷地砖|大理石|花岗岩|地毯|实木地板|实木复合地板|中密度（强化）复合地板|竹地板等
		其他材料面层修补		**示例：** 地毯|木地板|PVC板等
		防滑条、嵌条修补		**示例：** 金刚砂|金属|缸砖等
	墙、柱面修补	墙、柱（梁）面一般抹灰修补		**示例：** 石灰砂浆|混合砂浆|水泥砂浆|弹涂|喷涂|石膏砂浆等
		墙、柱（梁）面装饰抹灰修补		
		墙、柱（梁）面块料面层修补		**示例：** 石材|面砖|劈离砖|陶瓷锦砖|瓷砖等
		墙、柱（梁）饰面修补		胶合板面|饰面板|不锈钢板面|镜面玻璃|石膏板|岩棉吸音板等
天棚面修补	天棚面抹灰修补		描述修补的材质	**示例：** 纸筋灰浆|麻刀灰浆|石膏灰浆|水泥砂浆|混合砂浆等
	天棚吊顶拆换			**示例：** 柚木板|宝丽板|防火板|矿棉吸音板|隔音板|铝塑板|镜面玻璃|胶合板|钙塑板|石膏板|铝合金扣板等

121

工程特征		描述方式及内容	描述示例
天棚面修补	天棚面其他装饰拆换	描述修补的材质	**示例：** 天棚灯片|送风口|回风口|金属压条或角条|装饰线等
门窗维修	木门维修	描述拆换的材质	**示例：** 木|塑钢|铝合金等
	木窗维修		
	金属窗维修		
	门窗套维修		**示例：** 装饰板面层|大理石|花岗岩|实木等
	窗台板维修		
	门窗五金拆换	描述五金拆换的种类	**示例：** 合页|插销|风钩|弓形拉手|吊装滑动门轨|L形执手杆锁|球形执手锁|地锁|防盗门扣|门眼|碰珠|拉手|门扎头|闭门器等
油漆涂料修补	木材面油漆修补	描述油漆修补的材质和种类	**示例：** 调和漆|过氯乙烯漆|硝基清漆|聚氨酯清漆|乳胶漆|氟碳漆|防火涂料等
		描述木构件的种类	**示例：** 木板|木龙骨|木地板|木扶手|木栏杆|木门窗等
	金属面油漆修补	描述金属构件的种类	**示例：** 门窗|扶手|栏杆|金属面等
		描述油漆修补的材质和种类	**示例：** 调和漆|过氯乙烯漆|硝基清漆|聚氨酯清漆|乳胶漆|氟碳漆|防火涂料等

工程特征		描述方式及内容	描述示例
油漆涂料修补	抹灰面油漆修补	描述抹灰面油漆的部位	**示例：**墙|天棚等
		描述油漆修补的材质和种类	**示例：**调和漆|过氯乙烯漆|硝基清漆|聚氨酯清漆|乳胶漆|氟碳漆|防火涂料等
	喷刷涂料修补	描述喷刷涂料的部位	**示例：**墙|天棚等
		描述修补的材质和种类	**示例：**803 涂料|砂胶涂料|仿瓷涂料|喷涂等
	裱糊	描述裱糊的材质	**示例：**墙纸|织锦缎等
		描述裱糊的部位	**示例：**墙面|梁柱面|天棚等
措施工程	模板及支架	描述构件的种类	**示例：**垫层|基础|柱|梁|板|基础柱梁加大|置换板|新增抗震墙等
	脚手架、卸载支撑、挡土板	描述脚手架及挡土板的种类	**示例：**外脚手架|里脚手架|满堂脚手架|悬空脚手架|挑脚手架|加固支撑|挡土板等

E. 0. 35　爆破特征的描述应符合表 E.0.35 的规定。

工程特征		描述方式及内容	描述示例
露天爆破	爆破类型	描述类型	**示例**:一般土方|基坑石方|沟槽石方|大块孤石|场地平整|冻土开挖|路堑开挖|抗滑桩石方|挖孔桩石方等
	岩石类别	描述类别	**示例**:极软岩及软岩|较软岩|较硬岩|坚硬岩等
	爆破方式	描述爆破位置或方式	**示例**:石方爆破|预裂爆破|光面爆破等
地下爆破			**示例**:井巷掘进|地下空间开挖等
硐室爆破			**示例**:导硐及药室开挖|装药填塞等
拆除爆破			**示例**:基础爆破|楼房爆破|构筑物爆破|桥梁爆破|围堰爆破等
水下爆破			**示例**:水下裸露药包爆破|水下钻孔爆破等
特种爆破			**示例**:爆炸成形|爆炸复合|爆炸焊接等
爆破措施		描述措施内容	**示例**:爆破振动监测|爆破冲击波监测|爆破噪声监测|减振沟或减振孔|抗震加固措施|阻波墙|水下气泡帷幕|粉尘防护|滚跳石防护|试验爆破|现场警戒与实施等

E.0.36 海绵城市建设特征的描述应符合表 E.0.36 的规定。

表 E.0.36 海绵城市建设特征

工程特征			描述方式及内容	描述示例
雨水渗透设施	渗水铺装	面层结构	描述材质及厚度	**示例**：水泥透水砖 12 cm |陶瓷透水砖 12 cm |粒径 C25 天然露骨料透水混凝土 15 cm 厚 6~10 mm |粒径 C25 彩色透水混凝土面层 4 cm 厚 6 ~ 10 mm +粒径 C25 彩色透水混凝土素色层 12 cm 厚 6 ~ 10 mm 等
		基层结构		**示例**：乳化沥青稀浆封层 ES-2 厚 0.6 cm+水泥稳定碎石基层厚 30 cm+ 连砂石厚 30 cm| 级配碎石厚 30 cm+ 防水土工布 + 连砂石厚 30 cm 等
	绿化屋顶	种植土	描述类型及厚度+单位 cm	**示例**：无机复合种植土 15 cm |种植土 30 cm 等
		主要植物	描述植物品种	**示例**：马尼拉草|麦冬|三叶草等
		基底处理	描述材料类型及厚度	**示例**：XPS 板 3 ~ 6 cm +水泥砂浆找平 2 cm + 改性沥青防水卷材 0.4 cm +SBS 改性沥青耐根穿刺防水卷材+柔性保护层+凹凸型排水板 1.5 ~ 2 cm +无纺布过滤层等

	工程特征		描述方式及内容	描述示例
雨水渗透设施	下沉式绿地	种植土	描述类型及厚度+单位cm	示例：种植土30 cm等
		主要植物	描述植物品种	示例：马尼拉草|麦冬|三叶草|混播草坪等
		基底处理	描述材料类型及厚度	示例：中粗砂20 cm+碎石30 cm等
	生物滞留带	蓄水层	描述高度+单位cm	示例：30 cm
		种植土	描述类型及厚度+单位cm	示例：种植土掺20%细沙厚100 cm等
		主要植物	描述植物品种	示例：马尼拉草|麦冬|三叶草|混播草坪等
		基底处理	描述材料类型及厚度	示例：碎石15 cm+防渗膜等
	渗透塘	前置塘底部构造	描述类型及厚度+单位cm	示例：种植土20 cm
		主塘底部构造		示例：种植土20 cm+透水土工布+过滤介质层30 cm
	渗井		描述材质及尺寸	示例：PE+，$\phi 600 \times 1~000$ mm等
雨水储存设施	湿塘	前置塘底部构造	描述材料类型及厚度	示例：C20混凝土厚20 cm等
		主塘底部构造		示例：种植土20 cm+透水土工布+过滤介质层30 cm
		主要植物	描述植物品种	示例：香蒲|泽泻|旱伞草|芦苇|茭白等

工程特征			描述方式及内容	描述示例
雨水储存设施	雨水湿地	前置塘底部构造	描述材料类型及厚度	示例：C20 混凝土厚20 cm 等
		沼泽区底部构造		示例：土壤过滤层15 cm
		主要植物	描述植物品种	示例：香蒲|泽泻|旱伞草|芦苇|茭白等
雨水调节设施	调节塘	前置塘底部构造	描述材料类型及厚度	示例：C20 混凝土厚20 cm 等
		主塘底部构造		示例：种植土 20 cm +黏土 50 cm
		主要植物	描述植物品种	示例：香蒲|泽泻|旱伞草|芦苇|茭白等
雨水转输设施	植草沟	种植土	描述类型	示例：种植土 20 cm 等
		基层结构	描述材料类型及厚度	示例：砂质土 60 cm +砾石 7.5 cm +土工布
		主要植物	描述植物品种	示例：马尼拉草|麦冬|三叶草|混播草坪等
	渗渠、渗管	渗管	描述材质	示例：ϕ 600 PVC 穿孔管|ϕ 700 不锈钢穿孔管等
		填料	描述类型	示例：碎石等
雨水截污净化设施	植被缓冲带	种植土	描述类型及厚度	示例：种植土 30 cm 等
		主要植物	描述植物品种	示例：马尼拉草|麦冬|三叶草|混播草坪等
		基底处理	描述材料类型及厚度	示例：碎石 30 cm +土工布等

工程特征		描述方式及内容	描述示例
雨水利用设施	蓄水设备　蓄水设备种类	描述材料类型及厚度	**示例：**蓄水池|蓄水罐等
	雨水井　井的种类	描述井的规格、做法	**示例：**安全分流井 $\phi 1000$（含井盖）
	雨水成套处理设备　成套设备的种类	处理工艺	**示例：**混凝加药装置|消毒加药装置|混凝反应器|立式石英砂过滤器等
	变频供水设备　变频供水设备的种类	描述设备类型	**示例：**雨水提升泵|反冲洗水泵|回用水成套变频给水设备等

注：绿色屋顶的基底处理不含原屋顶防水处理。

E. 0. 37 拆除特征的描述应符合表 E.0.37 的规定。

表 E.0.37　拆除特征

工程特征	描述方式及内容	描述示例
拆除	描述拆除方式	**示例：**保护性拆除|破坏性拆除
拆除部位	描述拆除部位	**示例：**墙面|屋面|楼地面|防水|电气|消防|供水管网|排污管网|安防|通信|道路|绿化|公共服务设施等
外运	描述距离+单位 km	**示例：**20 km

E. 0. 38 措施项目特征的描述应符合表 E.0.38 的规定。

表 E.0.38　措施项目特征

工程特征		描述方式及内容	描述示例
模板		描述材质	**示例：** 复合模板|组合钢模板|轻铝模板等
脚手架	单项脚手架		**示例：** 竹木|钢管等
	综合脚手架		
垂直运输		描述种类	**示例：** 吊装机械种类及型号等
降排水		降水方式	**示例：** 明排|轻型井点|管井等

附录 F 工程造价构成指标

表 F 工程造价构成指标

序号	费用名称	编码	说明
1	分部分项工程费	FBFXGCF	
1.1	人工费	RGF	
1.2	材料和工程设备费	CLF	
1.2.1	主材费	ZCF	
1.2.2	设备费	SBF	
1.3	施工机具使用费	JXF	
1.4	综合费	ZHF	
2	措施项目费	CSF	
2.1	总价措施费	ZJCSF	
2.1.1	其中：安全文明施工费	AQWMSGF	
2.2	单价措施费	DJCSF	
2.2.1	人工费	DJCS_RGF	
2.2.2	材料和工程设备费	DJCS_CLF	
2.2.2.1	主材费	DJCS_ZCF	
2.2.2.2	设备费	DJCS_SBF	
2.2.3	施工机具使用费	DJCS_JXF	
2.2.4	综合费	DJCS_ZHF	

序号	费用名称	编码	说明
3	其他项目费	QTXMHJ	
3.1	暂列金额	ZLJE	
3.2	专业工程暂估价	ZYGCZG	
3.3	计日工	JRG	
3.4	总承包服务费	ZCBFWF	
3.5	索赔与现场签证	SPQZHJ	
4	规费	GF	
5	其他费用	QTXMF	如创优质工程奖励补偿费等
6	税金	SJ	营业税及简易计税法适用
	进项税	JXS	一般计税法时适用
	销项增值税	XXZZS	
7	工程造价	GCF	不包括工艺生产设备费

注：进项税可不填写。

附录 G 分部工程造价指标

G.0.1 房屋建筑与装饰工程分部工程造价指标的描述应符合表G.0.1 的规定。

表 G.0.1 房屋建筑工程分部工程造价指标

序号	项目名称	编码
1	土石方工程	A010000000
2	地基工程	A020000000
3	基础工程	A030000000
4	桩基工程	A040000000
5	基坑支护	A050000000
6	砌筑工程	A060000000
7	现浇混凝土工程	A070000000
8	钢筋工程	A080000000
9	装配式混凝土工程	A090000000
10	装配式钢结构工程	A100000000
11	装配式木结构工程	A110000000
12	厂库房大门、特种门	A120000000
13	金属结构工程	A130000000
14	木结构工程	A140000000
15	门窗工程	A150000000
16	屋面工程	A160000000
17	防水工程	A170000000

序号	项目名称	编码
18	屋顶绿化工程	A180000000
19	保温、隔热工程	A190000000
20	防腐工程	A200000000
21	地面装饰工程	A210000000
22	墙、柱面装饰	A220000000
22.1	内墙、柱面装饰	A220100000
22.2	外墙装饰	A220200000
23	幕墙工程	A230000000
24	隔断工程	A240000000
25	垂直绿化工程	A250000000
26	建筑外遮阳工程	A260000000
27	天棚工程	A270000000
28	油漆、涂料工程	A280000000
28.1	油漆工程	A280100000
28.2	涂料工程	A280200000
29	裱糊工程	A290000000
30	拆除工程	A300000000
30.1	结构拆除	A300100000
30.2	装饰拆除	A300200000
30.3	安装拆除	A300300000
31	措施项目	A310000000
31.1	脚手架工程	A310100000
31.2	混凝土模板及支架（撑）	A310200000

G.0.2 仿古建筑工程分部工程造价指标的描述应符合表 G.0.2
的规定。

表 G.0.2　仿古建筑工程分部工程造价指标

序号	项目名称	编码
1	土石方工程	B010000000
2	地基工程	B020000000
3	基础工程	B030000000
4	桩基工程	B040000000
5	基坑支护	B050000000
6	砖作工程	B060000000
7	石作工程	B070000000
8	琉璃砌筑工程	B080000000
9	混凝土及钢筋混凝土工程	B090000000
10	装配式构件工程	B100000000
11	木作工程	B110000000
12	屋面工程	B120000000
13	地面工程	B130000000
14	抹灰工程	B140000000
15	防水工程	B150000000
16	保温、隔热工程	B160000000
17	油漆彩画工程	B170000000
18	措施项目	B180000000
18.1	脚手架工程	B180100000
18.2	混凝土模板及支架（撑）	B180200000

G. 0. 3 机械设备安装工程分部工程造价指标的描述应符合表 G.0.3 的规定。

表 G.0.3　机械设备安装工程分部工程造价指标

序号	项目名称	编码
1	机械设备安装工程	C010000000
1.1	切削设备	C010100000
1.2	锻压设备	C010200000
1.3	铸造设备	C010300000
1.4	起重设备	C010400000
1.5	起重机轨道	C010500000
1.6	输送设备	C010600000
1.7	风　机	C010700000
1.8	泵	C010800000
1.9	压缩机	C010900000
1.10	工业炉	C011000000
1.11	煤气发生设备	C011100000

G. 0. 4 热力设备安装工程分部工程造价指标的描述应符合表 G.0.4 的规定。

表 G.0.4　热力设备安装工程分部工程造价指标

序号	项目名称	编码
1	热力设备安装工程	C020000000
1.1	中压锅炉本体设备	C020100000
1.2	中压锅炉分部试验及试运	C020200000

序号	项目名称	编码
1.3	中压锅炉风机	C020300000
1.4	中压锅炉除尘装置	C020400000
1.5	中压锅炉制粉系统	C020500000
1.6	中压锅炉烟、风、煤管道	C020600000
1.7	中压锅炉其他辅助设备	C020700000
1.8	中压锅炉炉墙砌筑	C020800000
1.9	汽轮发电机本体	C020900000
1.10	汽轮发电机辅助设备	C021000000
1.11	汽轮发电机附属设备	C021100000
1.12	卸煤设备	C021200000
1.13	煤场机械设备	C021300000
1.14	碎煤设备	C021400000
1.15	上煤设备	C021500000
1.16	水力冲渣、冲灰设备	C021600000
1.17	气力除灰设备	C021700000
1.18	化学水预处理系统设备	C021800000
1.19	锅炉补给水除盐系统设备	C021900000
1.20	凝结水处理系统设备	C022000000
1.21	循环水处理系统设备	C022100000
1.22	给水、炉水校正处理系统设备	C022200000
1.23	脱硫脱氮设备	C022300000
1.24	低压锅炉本体设备	C022400000
1.25	低压锅炉附属及辅助设备	C022500000

G. 0. 5 静置设备安装工程分部工程造价指标的描述应符合表 G.0.5 的规定。

表 G.0.5　静置设备安装工程分部工程造价指标

序号	项目名称	编码
1	静置设备安装工程	C030000000
1.1	静置设备制作	C030100000
1.2	静置设备安装	C030200000
1.3	工业炉安装	C030300000
1.4	金属油罐制作安装	C030400000
1.5	球形罐组对安装	C030500000
1.6	气柜制作安装	C030600000
1.7	工艺金属结构制作安装	C030700000
1.8	铝制、铸铁、非金属设备安装	C030800000
1.9	撬块安装	C030900000
1.10	无损检验	C031000000

G. 0. 6 电气工程分部工程造价指标的描述应符合表 G.0.6 的规定。

表 G.0.6　电气工程分部工程造价指标

序号	项目名称	编码
1	电气工程	C040000000
1.1	变压器	C040100000
1.2	配电装置	C040200000
1.3	母线	C040300000

序号	项目名称	编码
1.4	控制设备及低压电器	C040400000
1.5	蓄电池	C040500000
1.6	电机检查接线及调试	C040600000
1.7	滑触线装置	C040700000
1.8	电缆安装	C040800000
1.9	防雷及接地装置	C040900000
1.10	10 kV 以下架空配电线路	C041000000
1.11	配管配线	C041100000
1.12	照明器具	C041200000
1.13	附属工程	C041300000
1.14	电气调整试验	C041400000

G. 0. 7 建筑智能化设备安装工程分部工程造价指标的描述应符合表 G.0.7 的规定。

表 G.0.7 建筑智能化设备安装工程分部工程造价指标

序号	项目名称	编码
1	建筑智能化设备安装工程	C050000000
1.1	计算机应用、网络系统工程	C050100000
1.2	综合布线系统工程	C050200000
1.3	建筑设备自动化系统工程	C050300000
1.4	建筑信息综合管理系统工程	C050400000
1.5	有线电视、卫星接收系统工程	C050500000
1.6	音频、视频系统工程	C050600000
1.7	安全防范系统工程	C050700000

G.0.8 自动化控制仪表工程分部工程造价指标的描述应符合表 G.0.8 的规定。

表 G.0.8 自动化控制仪表工程分部工程造价指标

序号	项目名称	编码
1	自动化控制仪表工程	C060000000
1.1	集散控制系统(DCS)	C060100000
1.2	单项控制设备	C060200000
1.3	就地仪表	C060300000

G.0.9 通风空调工程分部工程造价指标的描述应符合表 G.0.9 的规定。

表 G.0.9 通风空调工程分部工程造价指标

序号	项目名称	编码
1	通风空调工程	C070000000
1.1	通风系统	C070100000
1.2	空调系统	C070200000
1.3	防排烟系统	C070300000
1.4	人防通风系统	C070400000
1.5	制冷机房	C070500000
1.6	换热站	C070600000
1.7	空调水系统	C070700000
1.8	VRV 系统	C070800000
1.9	通风空调工程系统调试	C070900000

G. 0. 10 工业管道工程分部工程造价指标的描述应符合表 G.0.10 的规定。

表 G.0.10 工业管道工程分部工程造价指标

序号	项目名称	编码
1	工业管道工程	C080000000
1.1	低压管道	C080100000
1.2	中压管道	C080200000
1.3	高压管道	C080300000
1.4	管道保温	C080400000

G. 0. 11 消防工程分部工程造价指标的描述应符合表 G.0.11 的规定。

表 G.0.11 消防工程分部工程造价指标

序号	项目名称	编码
1	消防工程	C090000000
1.1	水灭火系统	C090100000
1.2	气体灭火系统	C090200000
1.3	泡沫灭火系统	C090300000
1.4	火灾自动报警系统	C090400000
1.5	消防系统调试	C090500000

G. 0. 12 给排水工程分部工程造价指标的描述应符合表 G.0.12 的规定。

表 G.0.12 给排水工程分部工程造价指标

序号	项目名称	编码
1	给排水工程	C100000000
1.1	给水工程	C100100000
1.2	中水工程	C100200000
1.3	热水工程	C100300000
1.4	排水工程	C100400000
1.5	雨水工程	C100500000
1.6	压力排水工程	C100600000

G. 0. 13 采暖工程分部工程造价指标的描述应符合表 G.0.13 的规定。

表 G.0.13 采暖工程分部工程造价指标

序号	项目名称	编码
1	采暖工程	C110000000
1.1	采暖管道	C110100000
1.2	支架	C110200000
1.3	管道附件	C110300000
1.4	供暖器具	C110400000
1.5	采暖设备	C110500000
1.6	刷油工程	C110600000
1.7	绝热工程	C110700000
1.8	采暖工程系统调试	C110800000

G. 0. 14 燃气工程分部工程造价指标的描述应符合表 G.0.14 的规定。

表 G.0.14 燃气工程分部工程造价指标

序号	项目名称	编码
1	燃气工程	C120000000
1.1	燃气管道	C120100000
1.2	支架	C120200000
1.3	管道附件	C120300000
1.4	燃气器具及其他	C120400000
1.5	刷漆工程	C120500000

G. 0. 15 医疗气体工程分部工程造价指标的描述应符合表 G.0.15 的规定。

表 G.0.15 医疗气体工程分部工程造价指标

序号	项目名称	编码
1	医疗气体工程	C130000000
1.1	医疗气体管道	C130100000
1.2	支架	C130200000
1.3	管道附件	C130300000
1.4	医疗气体设备及附件	C130400000
1.5	刷漆工程	C130500000

G. 0. 16 电梯工程分部工程造价指标的描述应符合表 G.0.16 的规定。

表 G.0.16 电梯工程分部工程造价指标

序号	项目名称	编码
1	电梯	C140000000

G. 0. 17 市政工程分部工程造价指标的描述应符合表 G.0.17 的规定。

表 G.0.17 市政工程分部工程造价指标

序号	项目名称	编码
1	土石方工程	D010000000
2	道路工程	D020000000
2.1	路基处理	D020100000
2.2	路面工程	D020200000
2.3	路基工程	D020300000
2.4	人行道及其他	D020400000
3	桥梁工程	D030000000
3.1	桩基工程	D030100000
3.2	现浇混凝土构件	D030200000
3.3	预制混凝土构件	D030300000
3.4	立交箱涵	D030400000
3.5	钢结构工程	D030500000
3.6	装饰工程	D030600000
3.7	钢筋工程	D030700000
3.8	桥面铺装	D030800000
4	涵洞工程	D040000000

序号	项目名称	编码
5	隧道工程	D050000000
5.1	隧道岩石开挖	D050100000
5.2	岩石隧道衬砌	D050200000
5.3	盾构掘进	D050300000
5.4	管节顶升、旁通道	D050400000
5.5	隧道沉井	D050500000
5.6	混凝土结构	D050600000
5.7	沉管隧道	D050700000
5.8	洞内路面	D050800000
6	供水管网工程	D060000000
7	排水管网工程	D070000000
8	燃气管网工程	D080000000
9	路灯工程	D090000000
10	交安工程	D100000000
10.1	交通安全设施	D100100000
10.2	交通管理设施	D100200000
11	绿化工程	D110000000
12	拆除工程	D120000000
13	措施项目	D130000000

G. 0. 18 园林绿化工程分部工程造价指标的描述应符合表 G.0.18 的规定。

表 G.0.18 园林绿化工程分部工程造价指标

序号	项目名称	编码
1	栽植基础工程（绿地整理）	E010000000
2	栽植工程	E020000000
3	园路与广场铺装	E030000000
4	机动车道	E040000000
5	人行景观桥	E050000000
6	车行道桥	E060000000
7	驳岸、护岸	E070000000
8	堆塑假山	E080000000
9	原木、竹构件	E090000000
10	亭廊屋面	E100000000
11	花架	E110000000
12	园林设施	E120000000
13	园林理水工程	E130000000
14	设施建筑物	E140000000
15	措施项目	E150000000

G.0.19 构筑物工程分部工程造价指标的描述应符合表 G.0.19 的规定。

表 G.0.19 构筑物工程分部工程造价指标

序号	项目名称	编码
1	土石方工程	F010000000
2	地基处理与边坡支护工程	F020000000

序号	项目名称	编码
3	桩基工程	F030000000
4	混凝土构筑物-池类	F040000000
5	混凝土构筑物-贮仓（库）类	F050000000
6	混凝土构筑物-水塔	F060000000
7	混凝土构筑物-机械通风冷却塔	F070000000
8	混凝土构筑物-双曲线自然通风冷却塔	F080000000
9	混凝土构筑物-烟囱	F090000000
10	混凝土构筑物-烟道	F100000000
11	混凝土构筑物-工业隧道	F110000000
12	混凝土构筑物-沟道（槽）	F120000000
13	混凝土构筑物-造粒塔	F130000000
14	混凝土构筑物-输送栈桥	F140000000
15	混凝土构筑物-井类	F150000000
16	混凝土构筑物-电梯井	F160000000
17	砌体构筑物-烟囱	F170000000
18	砌体构筑物-烟道	F180000000
19	砌体构筑物-沟道（槽）	F190000000
20	砌体构筑物-井	F200000000
21	砌体构筑物-井、沟盖板	F210000000
22	金属结构构筑物	F220000000
23	屋面及防水工程	F230000000

序号	项目名称	编码
24	保温、隔热、防腐工程	F240000000
25	楼地面装饰工程	F250000000
26	墙、柱面装饰与隔断、幕墙工程	F260000000
27	天棚工程	F270000000
28	门窗工程	F280000000
29	涂料油漆工程	F290000000
30	栏杆扶手工程	F300000000
31	措施项目	F310000000

G. 0. 20 城市轨道交通工程分部工程造价指标的描述应符合表 G.0.20 的规定。

表 G.0.20　城市轨道交通工程分部工程造价指标

序号	项目名称	单位	编码
1	车站工程	m^2	G010000000
1.1	地下车站	m^2	G010100000
1.1.1	土石方工程	m^3	G010101000
1.1.2	围护结构	m^3	G010102000
1.1.3	主体结构	m^3	G010103000
1.1.4	防水工程	m^2	G010104000
1.2	高架车站	m^2	G010200000
1.2.1	基础工程	m^3	G010201000
1.2.2	下部结构工程	m^2	G010202000
1.2.3	上部结构工程	m^2	G010203000

序号	项目名称	单位	编码
1.2.4	钢结构工程	t	G010204000
1.2.5	人行天桥	m²	G010205000
1.3	地面车站	m²	G010300000
1.3.1	土石方工程	m³	G010301000
1.3.2	主体结构	m³	G010302000
1.4	装饰工程	m²	G010400000
1.4.1	二次结构	m²	G010401000
1.4.2	屋面工程	m²	G010402000
1.4.3	墙地面装饰	m²	G010403000
1.4.4	保温、隔热、防腐	m²	G010404000
1.4.5	隔断、幕墙	m²	G010405000
1.4.6	天棚	m²	G010406000
1.4.7	油漆、涂料、裱糊	m²	G010407000
2	区间工程	正线公里	G020000000
2.1	地下区间	双延米	G020100000
2.1.1	盾构区间	双延米	G020101000
2.1.2	明挖区间	双延米	G020102000
2.1.3	盖挖区间	双延米	G020103000
2.1.4	暗挖区间	双延米	G020104000
2.2	高架区间	双延米	G020200000
2.2.1	单线桥	延长米/m²	G020201000
2.2.2	双线桥	多延米/m²	G020202000
2.2.3	三线及多线桥	多线延长米/m²	G020203000
2.2.4	特殊节点桥	延长米/m²	G020204000

序号	项目名称	单位	编码
2.3	地面区间	双延米	G020300000
2.3.1	路基	m³	G020301000
2.3.2	桥梁	m²	G020302000
2.3.3	涵洞	座	G020303000
2.4	特殊线段区间	双延米	G020400000
2.4.1	出入段（场）线	双延米	G020401000
2.4.2	联络线	双延米	G020402000
3	轨道工程	正线公里	G030000000
3.1	正线	铺轨公里	G030100000
3.1.1	地下段	铺轨公里	G030101000
3.1.1.1	一般段	铺轨公里	G030101010
3.1.1.2	中等减震段	铺轨公里	G030101020
3.1.1.3	高等减震段	铺轨公里	G030101030
3.1.1.4	特殊减震段	铺轨公里	G030101040
3.1.1.5	铺道岔	组	G030101050
3.1.1.6	铺道床	铺轨公里	G030101060
3.1.2	高架段	铺轨公里	G030102000
3.1.2.1	一般段	铺轨公里	G030102010
3.1.2.2	中等减震段	铺轨公里	G030102020
3.1.2.3	高等减震段	铺轨公里	G030102030
3.1.2.4	铺道岔	组	G030102040
3.1.2.5	铺道床	铺轨公里	G030102050
3.1.3	地面段	铺轨公里	G030103000
3.1.3.1	一般段	铺轨公里	G030103010
3.1.3.2	中等减震段	铺轨公里	G030103020

序号	项目名称	单位	编码
3.1.3.3	高等减震段	铺轨公里	G030103030
3.1.3.4	铺道岔	组	G030103040
3.1.3.5	铺道床	铺轨公里	G030103050
3.2	车辆基地	铺轨公里	G030200000
3.2.1	一般段	铺轨公里	G030201000
3.2.2	中等减震段	铺轨公里	G030202000
3.2.3	高等减震段	铺轨公里	G030203000
3.2.4	特殊减震段	铺轨公里	G030204000
3.2.5	铺道岔	组	G030205000
3.2.6	铺道床	铺轨公里	G030206000
3.3	线路有关工程	铺轨公里	G030300000
4	通信	正线公里	G040000000
5	信号	正线公里	G050000000
6	供电	正线公里	G060000000
6.1	主变电站	座	G060100000
6.2	变电所	座	G060200000
6.3	环网电缆	正线公里	G060300000
6.4	牵引网（接触轨）	正线公里	G060400000
6.5	电力监控（SCADA）	正线公里	G060500000
6.6	杂散电流防护与接地系统	正线公里	G060600000
6.7	动力与照明	正线公里	G060700000
7	综合监控	正线公里	G070000000
8	火灾自动报警、环境与设备监控	正线公里	G080000000
8.1	防灾报警	正线公里	G080100000
8.2	环境与设备监控	正线公里	G080200000

序号	项目名称	单位	编码
9	安防及门禁	正线公里	G090000000
9.1	安防系统	正线公里	G090100000
9.2	门禁系统（ACS）	正线公里	G090200000
10	通风、空调与供暖	m²	G100000000
11	给水与排水、消防	正线公里	G110000000
11.1	车站给排水与水消防（含区间）	站	G110100000
11.2	气体灭火	站	G110200000
12	自动售检票	正线公里	G120000000
13	站内客运设备、站台门	正线公里	G130000000
13.1	扶梯	部	G130100000
13.2	电梯	部	G130200000
13.3	站台门	门体单元	G130300000
14	运营控制中心	正线公里	G140000000
14.1	房屋工程	m²	G140100000
14.2	附属工程	正线公里	G140200000
15	车辆基地	平方米	G150000000
15.1	生产及办公房屋	平方米	G150100000
15.2	工艺设备	正线公里	G150200000
15.3	附属工程	正线公里	G150300000
16	人防工程	正线公里	G160000000
16.1	人防工程	站	G160100000
16.2	防淹门工程	处	G160200000

G. 0. 21 房屋建筑维修与加固工程分部工程造价指标的描述应符合表 G.0.21 的规定。

表 G.0.21　房屋建筑维修与加固工程分部工程造价指标

序号	项目名称	编码
1	土石方工程	H010000000
2	砖石工程	H020000000
3	混凝土及钢筋混凝土工程	H030000000
4	木结构加固	H040000000
5	金属加固构件	H050000000
6	屋面工程	H060000000
7	装饰工程	H070000000
8	措施工程	H080000000

G. 0. 22　爆破工程分部工程造价指标的描述应符合表 G.0.22 的规定。

表 G.0.22　爆破工程分部工程造价指标

序号	项目名称	编码
1	露天石方爆破	J010000000
1.1	石方爆破工程	J010100000
1.2	预裂爆破工程	J010200000
1.3	土方爆破工程	J010300000
2	地下爆破工程	J020000000
2.1	井巷掘进爆破工程	J020100000
2.2	地下空间开挖爆破工程	J020200000

序号	项目名称	编码
3	硐室爆破工程	J030000000
3.1	导硐及药室开挖爆破工程	J030100000
3.2	装药填塞工程	J030200000
4	拆除爆破工程	J040000000
4.1	基础爆破拆除工程	J040100000
4.2	楼房爆破拆除工程	J040200000
4.3	构筑物爆破拆除工程	J040300000
4.4	桥梁爆破拆除工程	J040400000
4.5	围堰爆破拆除工程	J040500000
4.6	膨胀剂破碎拆除工程	J040600000
5	水下爆破工程	J050000000
5.1	水下裸露药包爆破工程	J050100000
5.2	水下钻孔爆破工程	J050200000
5.3	爆破加固软基工程	J050300000
5.4	水下岩塞爆破工程	J050400000
6	挖装运输工程	J060000000
6.1	岩石挖装运输工程	J060100000
6.2	混凝土挖装运输工程	J060200000
6.3	钢筋混凝土挖装运输工程	J060300000
7	措施项目	J070000000

G. 0. 23 城市地下综合管廊工程分部工程造价指标的描述应符合表 G.0.23 的规定。

表 G.0.23 城市地下综合管廊工程分部工程造价指标

序号	项目名称	编码
1	土石方工程	Z010000000
2	地基处理与边坡支护工程	Z020000000
3	桩基工程	Z030000000
4	砌筑工程	Z040000000
5	混凝土及钢筋混凝土工程	Z050000000
6	装配式构件工程	Z060000000
7	门窗工程	Z070000000
8	防水防腐工程	Z080000000
9	装饰工程	Z090000000
10	排水工程	Z100000000
11	措施项目	Z110000000
12	机械设备安装	Z120000000
13	电气设备安装	Z130000000
14	消防工程	Z140000000
15	给排水工程	Z150000000
16	自动化控制装置及仪表安装工程	Z160000000
17	通风工程	Z170000000
18	措施项目	Z180000000

G. 0. 24 海绵城市建设工程分部工程造价指标的描述应符合表 G.0.24 的规定。

表 G.0.24 海绵城市建设工程分部工程造价指标

序号	项目名称	编码
1	雨水渗透设施	M010000000
1.1	透水铺装	M010100000
1.2	绿色屋顶	M010200000
1.3	下沉式绿地	M010300000
1.4	生物滞留设施	M010400000
1.5	渗透塘	M010500000
1.6	渗井	M010600000
2	雨水储存设施	M020000000
2.1	湿塘	M020100000
2.2	雨水湿地	M020200000
3	雨水调节设施	M030000000
3.1	调节塘	M030100000
4	雨水转输设施	M040000000
4.1	转输型植草沟	M040100000
4.2	干式植草沟	M040200000
4.3	湿式植草沟	M040300000
4.4	渗管	M040400000
4.5	渗渠	M040500000
5	雨水截污净化设施	M050000000
5.1	植被缓冲带	M050100000
6	措施项目	M060000000

附录 H 主要工程量指标

H.0.1 房屋建筑与装饰工程主要工程量指标的描述应符合表 H.0.1 的规定。

表 H.0.1 房屋建筑工程主要工程量指标

序号	名称	单位	编码
1	建筑工程		A010000000
1.1	土（石）方工程		A010100000
1.1.1	挖土（石）方	m^3	A010101000
1.1.2	回填	m^3	A010102000
1.2	挡墙护坡工程	m^3	A010200000
1.3	桩基工程		A010300000
1.3.1	混凝土桩	m/根	A010301000
1.3.2	其他桩	m/根	A010399000
1.4	脚手架工程	m^2	A010400000
1.5	砌筑工程		A010500000
1.5.1	基础	m^3	A010501000
1.5.2	墙体	m^3	A010502000
1.6	混凝土及钢筋混凝土工程		A010600000
1.6.1	基础	m^3	A010601000
1.6.2	柱	m^3	A010602000
1.6.3	墙	m^3	A010603000
1.6.4	梁	m^3	A010604000

序号	名称	单位	编码
1.6.5	板	m^3	A010605000
1.6.6	楼梯	m^3	A010606000
1.7	装配式工程		A010700000
1.7.1	装配式钢筋混凝土预制柱	m^3	A010701000
1.7.2	装配式钢筋混凝土预制梁	m^3	A010702000
1.7.3	装配式钢筋混凝土预制叠合梁	m^3	A010703000
1.7.4	装配式钢筋混凝土预制外墙板	m^3	A010704000
1.7.5	装配式钢筋混凝土预制叠合外墙板	m^3	A010705000
1.7.6	装配式钢筋混凝土预制内墙板	m^3	A010706000
1.7.7	装配式钢筋混凝土预制女儿墙板	m^3	A010707000
1.7.8	装配式钢筋混凝土预制叠合楼板	m^3	A010708000
1.7.9	装配式钢筋混凝土预制阳台	m^3	A010709000
1.7.10	装配式预制混凝土空调板	m^3	A010710000
1.7.11	装配式钢筋混凝土预制楼梯	m^3	A010711000
1.7.12	装配式钢筋混凝土预制烟道、通风道	m^3	A010712000
1.7.13	装配式预制零星构件	m^3	A010713000
1.7.14	装配式钢结构工程	t	A010714000
1.7.15	装配式木结构工程	m^3	A010715000
1.8	模板	m^2	A010800000
1.9	钢筋	t	A010900000
1.10	防水	m^2	A010100000
1.10.1	屋面防水	m^2	A010100100
1.10.2	地面防水	m^2	A010100200

序号	名称	单位	编码
1.10.3	外墙面防水	m²	A010100300
1.10.4	内墙面防水	m²	A010100400
1.11	屋面工程		A010110000
1.11.1	阳台雨篷挑檐	m³	A010110100
1.11.2	屋顶绿化	m²	A010110200
1.12	防腐、隔热、保温	m²	A010120000
1.12.1	屋面隔热、保温	m²	A010120100
1.12.2	墙面隔热、保温	m²	A010120200
1.12.3	天棚保温、楼地面及其他保温	m²	A010120300
1.13	金属结构工程	t	A010130000
1.14	木结构工程	m³	A010140000
1.15	门窗工程		A010150000
1.15.1	门	m²/樘	A010150100
1.15.2	窗	m²/樘	A010150200
1.15.3	特种门	m²/樘	A010150300
1.15.4	特种窗	m²/樘	A010150400
2	装饰工程		A020000000
2.1	楼地面工程		A020100000
2.1.1	块料面层	m²	A020101000
2.1.2	整体面层	m²	A020102000
2.2	天棚工程		A020200000
2.2.1	天棚装饰	m²	A020201000
2.2.1.1	天棚抹灰	m²	A020201010

序号	名称	单位	编码
2.2.1.2	天棚吊顶	m²	A020201020
2.2.2	内墙装饰	m²	A020202000
2.2.2.1	墙面抹灰	m²	A020202010
2.2.2.2	柱、梁面抹灰	m²	A020202020
2.2.2.3	墙、柱、梁块料	m²	A020202030
2.2.3	外墙装饰	m²	A020203000
2.2.3.1	墙面抹灰	m²	A020203010
2.2.3.2	幕墙	m²	A020203020
2.2.3.3	块料	m²	A020203030
2.2.3.4	垂直绿化	m²	A020203040
2.2.3.5	建筑外遮阳	m²	A020203050

注：内墙装饰含内墙面及不与墙或天棚相连的独立柱、梁面装饰。

H.0.2 仿古建筑工程主要工程量指标的描述应符合表 H.0.2 的规定。

表 H.0.2　仿古建筑工程主要工程量指标

序号	名称	单位	编码
1	仿古结构工程		B010000000
1.1	土（石）方工程		B010100000
1.1.1	挖土（石）方	m³	B010101000
1.1.2	回填	m³	B010102000
1.2	挡墙护坡工程	m³	B010200000

序号	名称	单位	编码
1.3	砖作工程		B010300000
1.3.1	砌砖墙	m³	B010301000
1.3.2	贴砖	m²	B010302000
1.3.3	砖檐	m	B010303000
1.3.4	墙帽	m	B010304000
1.3.5	砖券(拱)、月洞、地穴及门窗套	m³/m²/m	B010305000
1.3.6	须弥座	m	B010306000
1.3.7	影壁、看面墙、廊心墙	m³/m	B010307000
1.4	石作工程		B010400000
1.4.1	台基及台阶	m³/m²	B010401000
1.4.2	望柱、栏杆、磴	m/m²/m³/块	B010402000
1.4.3	柱、梁、枋	m³/根	B010403000
1.4.4	墙身石活及门窗 石、槛垫石	m/m²/m³/块	B010404000
1.4.5	石屋面、拱券石、拱眉石及石斗拱	m²/m³	B010405000
1.5	琉璃砌筑工程		B010500000
1.5.1	琉璃墙身	m²	B010501000
1.5.2	琉璃博风、挂落、滴珠板	m	B010502000
1.5.3	琉璃须弥座、梁枋、垫板、柱子、斗拱等配件	m/攒/座/个	B010503000
1.6	混凝土及钢筋混凝土		B010600000
1.6.1	现浇混凝土柱	m³	B010601000
1.6.2	现浇混凝土梁	m³	B010602000

序号	名称	单位	编码
1.6.3	现浇混凝土桁、枋	m³	B010603000
1.6.4	现浇混凝土板	m³	B010604000
1.7	装配式工程		B010700000
1.7.1	装配式混凝土柱	m³/根	B010701000
1.7.2	装配式混凝土梁	m³/根	B010702000
1.7.3	装配式混凝土屋架	m/榀	B010703000
1.7.4	装配式混凝土桁、枋	m³/根	B010704000
1.7.5	装配式混凝土板	m³/块	B010705000
1.8	木作工程		B010800000
1.8.1	柱	m³/根	B010801000
1.8.2	梁	m³	B010802000
1.8.3	桁（檩）、枋、替木	m³/块/个	B010803000
1.8.4	搁栅	m³	B010804000
1.8.5	椽	m³/m/根	B010805000
1.8.6	戗角	m³	B010806000
1.8.7	斗拱	攒/座	B010807000
1.8.8	古式门窗	m²/樘	B010808000
1.8.9	古式栏杆	m²/m	B010809000
1.8.10	墙、地板及天花	m²	B010810000
1.9	屋面工程		B010900000
1.9.1	小青瓦屋面	m²	B010901000
1.9.2	筒瓦屋面	m²	B010902000
1.9.3	琉璃屋面	m²	B010903000

序号	名称	单位	编码
1.10	防水	m^2	B011000000
1.11	防腐、隔热、保温	m^2	B011100000
2	仿古装饰工程		B020000000
2.1	地面工程		B020100000
2.1.1	糙墁地面	m^2	B020101000
2.1.2	墁石子地	m^2	B020102000
2.2	抹灰工程		B020200000
2.2.1	墙面抹灰	m^2	B020201000
2.2.2	柱、梁面抹灰	m^2	B020202000
2.2.3	墙、柱、梁及零星项目贴仿古砖片	m^2	B020203000
2.3	油漆彩画工程		B020300000
2.3.1	连檐、瓦口、椽子、望板、天花、顶棚油漆	m^2/m/块/个	B020301000
2.3.2	檐、瓦口、椽子、望板、天花、顶棚油漆	m^2/m/个	B020302000
2.3.3	上下架构件油漆	m^2	B020303000
2.3.4	斗拱、垫拱板、雀替、花活油漆	攒/座/m^2	B020304000
2.3.5	门窗扇油漆	樘/m^2	B020305000
2.3.6	木装修油漆	m^2/m	B020306000
2.3.7	山花板、挂檐(落)板彩画	m^2	B020307000
2.3.8	椽子、望板、天花、顶棚彩画	m^2	B020308000
2.3.9	上下架构件彩画	m^2	B020309000
2.3.10	斗拱、垫拱板、雀替、花活、楣子、墙边彩画	攒/座/m^2	B020310000
2.3.11	国画颜料、广告色彩画	m^2	B020311000

H.0.3 机械设备安装工程主要工程量指标的描述应符合表 H.0.3 的规定。

表 H.0.3　机械设备安装工程主要工程量指标

序号	名称	单位	编码
1	机械设备安装工程		C010000000
1.1	切削设备		C010100000
1.1.1	台式及仪表机床	台	C010101000
1.1.2	车床	台	C010102000
1.1.3	钻床	台	C010103000
1.1.4	镗床	台	C010104000
1.1.5	磨床	台	C010105000
1.1.6	铣床	台	C010106000
1.1.7	齿轮加工机床	台	C010107000
1.1.8	螺纹加工机床	台	C010108000
1.1.9	刨床	台	C010109000
1.1.10	插床	台	C010110000
1.1.11	拉床	台	C010111000
1.1.12	超声波加工机床	台	C010112000
1.1.13	电加工机床	台	C010113000
1.1.14	金属材料试验机械	台	C010114000
1.1.15	数控机床	台	C010115000
1.1.16	木工机床	台	C010116000
1.1.17	其他机床	台	C010117000
1.1.18	跑车带锯机	台	C010118000

序号	名称	单位	编码
1.2	锻压设备	台	C010200000
1.2.1	机械压力机	台	C010201000
1.2.2	液压机	台	C010202000
1.2.3	自动锻压机	台	C010203000
1.2.4	锻锤	台	C010204000
1.2.5	剪切机	台	C010205000
1.2.6	弯曲校正机	台	C010206000
1.2.7	锻造水压机	台	C010207000
1.3	铸造设备	台	C010300000
1.3.1	砂处理设备	台	C010301000
1.3.2	造型设备	台	C010302000
1.3.3	制芯设备	台	C010303000
1.3.4	落砂设备	台	C010304000
1.3.5	清理设备	台	C010305000
1.3.6	金属铸造设备	台	C010306000
1.3.7	材料准备设备	台	C010307000
1.3.8	抛丸清理室	台	C010308000
1.3.9	铸铁平台	台	C010309000
1.4	起重设备	台	C010400000
1.4.1	桥式起重机	台	C010401000
1.4.2	吊钩门式起重机	台	C010402000
1.4.3	梁式起重机	台	C010403000

序号	名称	单位	编码
1.4.4	电动壁行悬臂挂式起重机	台	C010404000
1.4.5	悬臂壁式起重机	台	C010405000
1.4.6	悬臂立柱式起重机	台	C010406000
1.4.7	电动葫芦	台	C010407000
1.4.8	单轨小车	台	C010408000
1.5	起重机轨道	台	C010500000
1.6	输送设备	台	C010600000
1.6.1	斗式提升机	台	C010601000
1.6.2	刮板输送机	台	C010602000
1.6.3	板（裙）式输送机	台	C010603000
1.6.4	悬挂输送机	台	C010604000
1.6.5	固定胶带输送机	台	C010605000
1.6.6	螺旋输送机	台	C010606000
1.6.7	卸矿车	台	C010607000
1.6.8	皮带秤	台	C010608000
1.7	风机		C010700000
1.7.1	离心式通风机	台	C010701000
1.7.2	离心式引风机	台	C010702000
1.7.3	轴流通风机	台	C010703000
1.7.4	回转式鼓风机	台	C010704000
1.7.5	离心式鼓风机	台	C010705000
1.8	泵		C010800000

序号	名称	单位	编码
1.8.1	离心式泵	台	C010801000
1.8.2	旋涡泵	台	C010802000
1.8.3	电动往复泵	台	C010803000
1.8.4	柱塞泵	台	C010804000
1.8.5	蒸汽往复泵	台	C010805000
1.8.6	计量泵	台	C010806000
1.8.7	螺杆泵	台	C010807000
1.8.8	齿轮油泵	台	C010808000
1.8.9	真空泵	台	C010809000
1.8.10	屏蔽泵	台	C010810000
1.8.11	潜水泵	台	C010811000
1.9	压缩机		C010900000
1.9.1	活塞式压缩机	台	C010901000
1.9.2	回转式螺杆压缩机	台	C010902000
1.9.3	离心式压缩机	台	C010903000
1.9.4	透平式压缩机	台	C010904000
1.10	工业炉		C011000000
1.10.1	电弧炼钢炉	台	C011001000
1.10.2	无芯工频感应炉	台	C011002000
1.10.3	电阻炉	台	C011003000
1.10.4	真空炉	台	C011004000
1.10.5	高频及中频感应炉	台	C011005000

序号	名称	单位	编码
1.10.6	冲天炉	台	C011006000
1.10.7	加热炉	台	C011007000
1.10.8	热处理炉	台	C011008000
1.10.9	解体结构井式热处理炉	台	C011009000
1.11	煤气发生设备		C011100000
1.11.1	煤气发生炉	台	C011101000
1.11.2	洗涤塔	台	C011102000
1.11.3	电气滤清器	台	C011103000
1.11.4	竖管	台	C011104000
1.11.5	附属设备	台	C011105000
1.12	其他机械设备		C011200000
1.12.1	冷水机组	台	C011201000
1.12.2	热力机组	台	C011202000
1.12.3	制冰设备	台	C011203000
1.12.4	冷风机	台	C011204000
1.12.5	润滑油处理设备	台	C011205000
1.12.6	膨胀机	台	C011206000
1.12.7	柴油机	台	C011207000
1.12.8	柴油发电机组	台	C011208000
1.12.9	电动机	台	C011209000
1.12.10	电动发电机组	台	C011210000
1.12.11	冷凝器	台	C011211000

序号	名称	单位	编码
1.12.12	蒸发器	台	C011212000
1.12.13	储液器（排液桶）	台	C011213000
1.12.14	分离器	台	C011214000
1.12.15	中间冷却器	台	C011215000
1.12.16	冷却塔	台	C011216000
1.12.17	集油器	台	C011217000
1.12.18	紧急泄氨器	台	C011218000
1.12.19	油视镜	支	C011219000
1.12.20	储气罐	台	C011220000
1.12.21	乙炔发生器	台	C011221000
1.12.22	水压机蓄势罐	台	C011222000
1.12.23	空气分离塔	台	C011223000
1.12.24	小型制氧机附属设备	台	C011224000
1.12.25	风力发电机	台	C011225000

H.0.4 热力设备安装工程主要工程量指标的描述应符合表 H.0.4 的规定。

表 H.0.4 热力设备安装工程主要工程量指标

序号	名称	单位	编码
1	热力设备安装工程		C020000000
1.1	中压锅炉本体设备		C020100000
1.1.1	钢炉架	t	C020101000

序号	名称	单位	编码
1.1.2	汽包	台	C020102000
1.1.3	水冷系统	t	C020103000
1.1.4	过热系统	t	C020104000
1.1.5	省煤器	t	C020105000
1.1.6	管式空气预热器	t	C020106000
1.1.7	回转式空气预热器	台	C020107000
1.1.8	旋风分离器（循环流化床锅炉）	t	C020108000
1.1.9	本体管路系统	t	C020109000
1.1.10	锅炉本体金属结构	t	C020110000
1.1.11	锅炉本体平台扶梯	t	C020111000
1.1.12	炉排及燃烧装置	套	C020112000
1.1.13	除渣装置	t	C020113000
1.2	中压锅炉分部试验及试运		C020200000
1.2.1	锅炉清洗及试验	台	C020201000
1.3	中压锅炉风机	台	C020300000
1.3.1	送风机	台	C020301000
1.3.2	引风机	台	C020302000
1.4	中压锅炉除尘装置		C020400000
1.4.1	除尘器	台	C020401000
1.5	中压锅炉制粉系统		C020500000
1.5.1	磨煤机	台	C020501000

序号	名称	单位	编码
1.5.2	给煤机	台	C020502000
1.5.3	叶轮给粉机	台	C020503000
1.5.4	螺旋输粉机	台	C020504000
1.5.5	链式输粉机	台	C020505000
1.6	中压锅炉烟、风、煤管道		C020600000
1.6.1	烟道	t	C020601000
1.6.2	热风道	t	C020602000
1.6.3	冷风道	t	C020603000
1.6.4	制粉管道	t	C020604000
1.6.5	送粉管道	t	C020605000
1.6.6	原煤管道	t	C020606000
1.7	中压锅炉其他辅助设备		C020700000
1.7.1	扩容器	台	C020701000
1.7.2	消音器	台	C020702000
1.7.3	暖风器	台	C020703000
1.7.4	测粉装置	套	C020704000
1.7.5	煤粉分离器	台	C020705000
1.8	中压锅炉炉墙砌筑		C020800000
1.8.1	敷管式及膜式水冷壁炉墙和框架式炉墙砌筑	m³	C020801000
1.8.2	环流化床锅炉旋风分离器内衬砌筑	m³	C020802000

序号	名称	单位	编码
1.8.3	炉墙耐火砖砌筑	m³	C020803000
1.9	汽轮发电机本体		C020900000
1.9.1	汽轮机	台	C020901000
1.9.2	发电机、励磁机	台	C020902000
1.9.3	汽轮发电机组空负荷试运	台	C020903000
1.10	汽轮发电机辅助设备		C021000000
1.10.1	凝汽器	台	C021001000
1.10.2	加热器	台	C021002000
1.10.3	抽气器	台	C021003000
1.10.4	油箱和油系统设备	台	C021004000
1.11	汽轮发电机附属设备		C021100000
1.11.1	除氧器及水箱	台	C021101000
1.11.2	电动给水泵	台	C021102000
1.11.3	循环水泵	台	C021103000
1.11.4	凝结水泵	台	C021104000
1.11.5	机械真空泵	台	C021105000
1.11.6	循环水泵房入口设备（如旋转滤网、钢闸门、清污机等）	台	C021106000
1.12	卸煤设备		C021200000
1.12.1	抓斗	台	C021201000
1.12.2	斗链式卸煤机	台	C021202000

序号	名称	单位	编码
1.13	煤场机械设备		C021300000
1.13.1	斗链提升机	台	C021301000
1.13.2	轮式装载机	台	C021302000
1.13.3	斗轮堆取料机	台	C021303000
1.13.4	门式滚轮堆取料机	台	C021304000
1.13.5	其他	台	C021305000
1.14	碎煤设备		C021400000
1.14.1	反击式碎煤机	台	C021401000
1.14.2	锤击式破碎机	台	C021402000
1.14.3	辊式碎煤机	台	C021403000
1.14.4	筛分设备	台	C021404000
1.15	上煤设备		C021500000
1.15.1	皮带机	台	C021501000
1.15.2	配仓皮带机	台	C021502000
1.15.3	输煤转运站落煤设备	台	C021503000
1.15.4	皮带秤	台	C021504000
1.15.5	机械采样装置及除木器	台	C021505000
1.15.6	电动犁式卸料器	台	C021506000
1.15.7	电动卸料车	台	C021507000
1.15.8	电磁分离器	台	C021508000
1.16	水力冲渣、冲灰设备		C021600000

序号	名称	单位	编码
1.16.1	捞渣机	台	C021601000
1.16.2	冷渣器	台	C021602000
1.16.3	碎渣机	台	C021603000
1.16.4	脱水仓	台	C021604000
1.16.5	渣仓	台	C021605000
1.16.6	除灰（渣）泵	台	C021606000
1.16.7	水力喷射器	台	C021607000
1.16.8	箱式冲灰器	台	C021608000
1.16.9	砾石过滤器	台	C021609000
1.16.10	空气斜槽	台	C021610000
1.16.11	灰渣沟插板门		C021611000
1.16.12	电动灰斗闸板门	台	C021612000
1.16.13	电动三通门	台	C021613000
1.16.14	锁气器	台	C021614000
1.17	气力除灰设备		C021700000
1.17.1	负压风机	台	C021701000
1.17.2	灰斗气化风机（包括气化板）	台	C021702000
1.17.3	布袋收尘器	台	C021703000
1.17.4	袋式排气过滤器	台	C021704000
1.17.5	加热器	台	C021705000
1.17.6	回转式给料机	台	C021706000

序号	名称	单位	编码
1.17.7	灰仓	台	C021707000
1.17.8	空气斜槽	台	C021708000
1.17.9	空气压缩机系统设备	台	C021709000
1.17.10	加湿搅拌机	台	C021710000
1.17.11	散装机	台	C021711000
1.18	化学水预处理系统设备		C021800000
1.18.1	反渗透处理系统	套	C021801000
1.18.2	凝聚澄清过滤系统	套	C021802000
1.19	锅炉补给水除盐系统设备		C021900000
1.19.1	机械过滤系统	套	C021901000
1.19.2	除盐加混床设备	套	C021902000
1.19.3	除二氧化碳和离子交换设备	套	C021903000
1.20	凝结水处理系统设备	套	C022000000
1.21	循环水处理系统设备	套	C022100000
1.22	给水、炉水校正处理系统设备	套	C022200000
1.22.1	汽水取样设备	台	C022201000
1.22.2	炉内水处理装置	套	C022202000
1.22.3	药液的制备、计量设备	套	C022203000
1.22.4	输送泵	台	C022204000
1.23	脱硫脱氮脱硝设备		C022300000
1.23.1	石粉仓	t	C022301000

序号	名称	单位	编码
1.23.2	吸收塔	t	C022302000
1.23.3	脱硫脱氮附属机械及辅助设备	套	C022303000
1.24	低压锅炉本体设备		C022400000
1.24.1	蒸汽成套整装锅炉	台	C022401000
1.24.2	热水成套整装锅炉	台	C022402000
1.24.3	整装燃油燃气锅炉	台	C022403000
1.24.4	组装蒸汽锅炉	台	C022404000
1.24.5	组装热水锅炉	台	C022405000
1.24.6	模块燃油燃气热水锅炉	台	C022406000
1.24.7	散装蒸汽锅炉	t	C022407000
1.24.8	散装热水锅炉	t	C022408000
1.24.9	散装燃油燃气蒸汽锅炉	t	C022409000
1.24.10	散装和组装锅炉砌筑	m^3	C022410000
1.25	低压锅炉附属及辅助设备		C022500000
1.25.1	除尘器	台	C022501000
1.25.2	烟气净化处理设备（脱硫脱硝脱氮）	套	C022502000
1.25.3	水处理设备	台	C022503000
1.25.4	换热器	台	C022504000
1.25.5	输煤设备（上煤机）	台	C022505000
1.25.6	除渣机	台	C022506000
1.25.7	齿轮式破碎机	台	C022507000

H. 0. 5 静置设备与工艺金属结构制作安装工程主要工程量指标的描述应符合表 H.0.5 的规定。

表 H.0.5 静置设备与工艺金属结构制作安装工程主要工程量指标

序号	名称	单位	编码
1	静置设备与工艺金属结构制作安装工程		
1.1	静置设备制作		C030100000
1.1.1	容器制作	台	C030101000
1.1.2	塔器制作	台	C030102000
1.1.3	换热器制作	台	C030103000
1.2	静置设备安装		C030200000
1.2.1	容器组装	台	C030201000
1.2.2	整体容器安装	台	C030202000
1.2.3	塔器组装	台	C030203000
1.2.4	整体塔器安装	台	C030204000
1.2.5	热交换器类设备安装	台	C030205000
1.2.6	空气冷却器安装	台	C030206000
1.2.7	反应器安装	台	C030207000
1.2.8	催化裂化再生器安装	套	C030208000
1.2.9	催化裂化沉降器安装	t	C030209000
1.2.10	催化裂化旋风分离器安装	台	C030210000
1.2.11	空气分馏塔安装	台	C030211000
1.2.12	电解槽安装	台	C030212000

序号	名称	单位	编码
1.2.13	电除雾器安装	台	C030213000
1.2.14	电除尘器安装	台	C030214000
1.3	工业炉安装		C030300000
1.3.1	燃烧炉、灼烧炉安装	台	C030301000
1.3.2	裂解炉制作安装	台	C030302000
1.3.3	转化炉制作安装	台	C030303000
1.3.4	化肥装置加热炉制作安装	台	C030304000
1.3.5	芳烃装置加热炉制作安装	台	C030305000
1.3.6	炼油厂加热炉制作安装	台	C030306000
1.3.7	废热锅炉安装	台	C030307000
1.4	金属油罐制作安装		C030400000
1.4.1	拱顶罐制作安装	台	C030401000
1.4.2	浮顶罐制作安装	台	C030402000
1.4.3	低温双壁金属罐制作安装	台	C030403000
1.4.4	大型金属油罐制作安装	座	C030404000
1.4.5	加热器制作安装	m	C030405000
1.5	球形罐组对安装		C030500000
1.5.1	球形罐组对安装	台	C030501000
1.6	气柜制作安装	座	C030600000
1.7	工艺金属结构制作安装		C030700000
1.7.1	联合平台制作安装	t	C030701000

序号	名称	单位	编码
1.7.2	平台制作安装	t	C030702000
1.7.3	梯子、栏杆、扶手平台制作安装	t	C030703000
1.7.4	桁架、管廊、设备框架、单梁结构平台制作安装	t	C030704000
1.7.5	设备支架平台制作安装	t	C030705000
1.7.6	漏斗、料仓制作安装	t	C030706000
1.7.7	烟囱、烟道制作安装	t	C030707000
1.7.8	火炬及排气筒制作安装	座	C030708000
1.8	铝制、铸铁、非金属设备安装		C030800000
1.8.1	容器安装	台	C030801000
1.8.2	塔器安装	台	C030802000
1.8.3	热交换器安装	台	C030803000
1.9	撬块安装	套	C030900000
1.10	无损检验		C031000000
1.10.1	X 射线探伤	张	C031001000
1.10.2	γ 射线探伤	张	C031002000
1.10.3	超声波探伤	m/ m^2	C031003000
1.10.4	磁粉探伤	m/ m^2	C031004000
1.10.5	渗透探伤	m	C031005000
1.10.6	整体热处理	台	C031006000

H. 0. 6 电气工程主要工程量指标的描述应符合表 H.0.6 的规定。

序号	名称	单位	编码
1	电气工程		C040000000
1.1	动力照明		C040100000
1.1.1	低压开关柜	台	C040101000
1.1.2	控制箱	台	C040102000
1.1.3	配电箱（柜）	台	C040103000
1.1.4	配线	m	C040104000
1.1.5	配管	m	C040105000
1.1.6	电缆	m	C040106000
1.1.7	桥架	m	C040107000
1.1.8	照明灯具	套	C040108000
1.1.9	开关	个	C040109000
1.1.10	插座	个	C040110000
1.2	防雷接地		C040200000
1.2.1	引下线	m	C040201000
1.2.2	接地母线	m	C040202000
1.2.3	接线盒	个	C040203000
1.2.4	避雷带（网）	m	C040204000

H.0.7 建筑智能化工程主要工程量指标的描述应符合表 H.0.7 的规定。

表 H.0.7　建筑智能化工程主要工程量指标

序号	名称	单位	编码
1	建筑智能化工程		C050000000
1.1	计算机应用、网络系统工程	系统	C050100000
1.1.1	输入设备	台	C050101000
1.1.2	输出设备	台	C050102000
1.1.3	控制设备	台	C050103000
1.1.4	存储设备	台	C050104000
1.1.5	插箱、机柜	台	C050105000
1.1.6	互联电缆	条	C050106000
1.1.7	接口卡	台	C050107000
1.1.8	集线器	台	C050108000
1.1.9	路由器	台	C050109000
1.1.10	收发器	台	C050110000
1.1.11	防火墙	台	C050111000
1.1.12	交换机	台	C050112000
1.1.13	网络服务器	台	C050113000
1.1.14	软件	套	C050114000
1.2	综合布线系统工程	系统	C050200000
1.2.1	机柜、机架	台	C050201000
1.2.2	抗震底座	个	C050202000
1.2.3	分线接线箱（盒）	个	C050203000
1.2.4	电视、电话插座	个	C050204000

序号	名称	单位	编码
1.2.5	双绞线缆	m	C050205000
1.2.6	大对数电缆	m	C050206000
1.2.7	光缆	m	C050207000
1.2.8	配线架	个	C050208000
1.2.9	跳线架	个	C050209000
1.2.10	信息插座	个	C050210000
1.2.11	配线	m	C050211000
1.2.12	配管	m	C050212000
1.2.13	桥架	m	C050213000
1.3	建筑设备自动化系统工程	系统	C050300000
1.3.1	中央管理系统	系统	C050301000
1.3.2	通信网络控制设备	台	C050302000
1.3.3	控制器	台	C050303000
1.3.4	控制箱	台	C050304000
1.3.5	第三方通信设备接口	台	C050305000
1.3.6	传感器	支/台	C050306000
1.3.7	电动调节阀执行机构	个	C050307000
1.3.8	电动、电磁阀门	个	C050308000
1.4	建筑信息综合管理系统工程	系统	C050400000
1.4.1	服务器	台	C050401000
1.4.2	服务器显示设备	台	C050402000

序号	名称	单位	编码
1.4.3	通信接口输入输出设备	个	C050403000
1.4.4	系统软件	套	C050404000
1.4.5	基础应用软件	套	C050405000
1.4.6	应用软件接口	套	C050406000
1.4.7	应用软件二次	项/点	C050407000
1.4.8	各系统联动试运行	系统	C050408000
1.5	有线电视、卫星接收系统工程	系统	C050500000
1.5.1	公用天线	副	C050501000
1.5.2	卫星电视天线、馈线系统	副	C050502000
1.5.3	前端机柜	个	C050503000
1.5.4	电视墙	套	C050504000
1.5.5	射频同轴电缆	m	C050505000
1.5.6	同轴电缆接头	个	C050506000
1.5.7	前端射频设备	套	C050507000
1.5.8	卫星地面站接收设备	台	C050508000
1.5.9	光端设备安装、调试	台	C050509000
1.5.10	有线电视系统管理设备	台	C050510000
1.5.11	播控设备安装、调试	台	C050511000
1.5.12	干线设备	个	C050512000
1.5.13	分配网络	个	C050513000
1.5.14	终端调试	个	C050514000

序号	名称	单位	编码
1.6	音频、视频系统工程	系统	C050600000
1.6.1	扩声系统设备	台	C050601000
1.6.2	背景音乐系统设备	台	C050602000
1.6.3	视频设备	台	C050603000
1.7	安全防范系统工程	系统	C050700000
1.7.1	入侵探测设备	套	C050701000
1.7.2	入侵报警控制器	套	C050702000
1.7.3	入侵报警中心显示设备	套	C050703000
1.7.4	入侵报警信号传输设备	套	C050704000
1.7.5	出入口目标识别设备	台	C050705000
1.7.6	出入口控制设备	台	C050706000
1.7.7	出入口执行机构设备	台	C050707000
1.7.8	监控摄像设备	台	C050708000
1.7.9	视频控制设备	台	C050709000
1.7.10	音频、视频及脉冲分配器	台	C050710000
1.7.11	视频补偿器	台	C050711000
1.7.12	视频传输设备	套	C050712000
1.7.13	录像设备	套	C050713000
1.7.14	显示设备	台	C050714000
1.7.15	安全检查设备	套	C050715000
1.7.16	停车场管理设备	套	C050716000

H.0.8 自动化控制仪表安装工程主要工程量指标的描述应符合表 H.0.8 的规定。

表 H.0.8 自动化控制仪表安装工程主要工程量指标

序号	名称	单位	编码
1	自动化控制仪表安装工程		C060000000
1.1	集散控制系统(DCS)		C060100000
1.1.1	工业计算机柜、台设备	台	C060101000
1.1.2	工业计算机外部设备	台	C060102000
1.1.3	组件（卡件）	个	C060103000
1.1.4	过程控制管理计算机	套	C060104000
1.1.5	生产、经营管理计算机	套	C060105000
1.1.6	网络系统及设备联调	套	C060106000
1.1.7	工业计算机系统调试	点	C060107000
1.1.8	与其他系统数据传递调试	个	C060108000
1.1.9	现场总线调试	套	C060109000
1.1.10	专用线缆	m	C060110000
1.1.11	电缆头	个	C060111000
1.1.12	变送单元仪表	台	C060112000
1.1.13	执行机构	台	C060113000
1.1.14	调节阀	台	C060114000
1.1.15	自力式调节阀	台	C060115000
1.1.16	执行仪表附件	台	C060116000

序号	名称	单位	编码
1.2	单项控制设备		C060200000
1.2.1	安全监测及报警装置	套	C060201000
1.2.2	盘、箱、柜	台	C060202000
1.2.3	盘柜附件、元件	个	C060203000
1.3	过程检测仪表		C060300000
1.3.1	温度仪表	支	C060301000
1.3.2	压力仪表	台	C060302000
1.3.3	流量仪表	台	C060303000
1.3.4	物位检测仪表	台	C060304000
1.3.5	测厚测宽及金属检测装置	套	C060305000
1.3.6	旋转机械检测仪表	套	C060306000
1.3.7	称重机皮带跑偏检测装置	台	C060307000
1.3.8	过程分析仪表	套	C060308000
1.3.9	物性检测仪表	套	C060309000
1.3.10	特殊预处理装置	套	C060310000
1.3.11	分析柜、室	台	C060311000
1.3.12	气象环保检测仪表	套	C060312000
1.3.13	钢管	m	C060313000
1.3.14	高压管	m	C060314000
1.3.15	不锈钢管	m	C060315000
1.3.16	有色金属管及非金属管	m	C060316000
1.3.17	管缆	m	C060317000

H.0.9 通风空调工程主要工程量指标的描述应符合表 H.0.9 的规定。

表 H.0.9 通风空调工程主要工程量指标

序号	名称	单位	编码
1	通风空调工程		C070000000
1.1	通风	m^2	C070100000
1.1.1	通风管道	m^2	C070101000
1.1.2	阀门	个	C070102000
1.1.3	风口	个	C070103000
1.1.4	调节阀	个	C070104000
1.1.5	轴流通风机	台	C070105000
1.2	空调		C070200000
1.2.1	风管	m^2	C070201000
1.2.2	阀门	个	C070202000
1.2.3	风口	个	C070203000
1.2.4	设备主机	台	C070204000
1.2.5	末端设备	台	C070205000
1.2.6	室内外机	台	C070206000
1.2.7	风机盘管	m	C070207000
1.3	排烟		C070300000
1.3.1	风管	m^2	C070301000
1.3.2	阀门	个	C070302000

序号	名称	单位	编码
1.3.3	风口	个	C070303000
1.3.4	轴流通风机	台	C070304000
1.4	空调水管道	m	C070400000
1.5	VRV系统管道	m	C070500000
1.6	保温	m^2	C070600000
1.7	冷水机组	台	C070700000
1.8	换热器	套	C070800000
1.9	水处理设备	台	C070900000
1.10	离心式泵	台	C071000000
1.11	冷却塔	座	C071100000
1.12	水箱	台	C071200000
1.13	泵	台	C071300000

H.0.10 工业管道工程主要工程量指标的描述应符合表 H.0.10 的规定。

表 H.0.10 工业管道工程主要工程量指标

序号	名称	单位	编码
1	工业管道工程		C080000000
1.1	低压管道	m	C080100000
1.2	低压管件	个	C080200000
1.3	低压阀门	个	C080300000
1.4	低压法兰	副	C080400000

序号	名称	单位	编码
1.5	中压管道	m	C080500000
1.6	中压管件	个	C080600000
1.7	中压阀门	个	C080700000
1.8	中压法兰	副	C080800000
1.9	高压管道	m	C080900000
1.10	高压管件	个	C081000000
1.11	高压阀门	个	C081100000
1.12	高压法兰	副	C081200000
1.13	板卷管	t	C081300000
1.14	管件	t	C081400000
1.15	保温	m^3	C081500000

H. 0. 11 消防工程主要工程量指标的描述应符合表 H.0.11 的规定。

表 H.0.11 消防工程主要工程量指标

序号	名称	单位	编码
1	消防工程		C090000000
1.1	消火栓管道	m	C090100000
1.2	泡沫灭火管道	m	C090200000
1.3	水喷淋管道	m	C090300000
1.4	喷头	个	C090400000
1.5	消防泵	台	C090500000
1.6	消防栓	台	C090600000
1.7	气体灭火装置	套	C090700000

序号	名称	单位	编码
1.8	阀门	个	C090800000
1.9	离心泵	台	C090900000
1.10	变频泵组	台	C091000000
1.11	消防水炮	台	C091100000
1.12	火灾自动报警系统		C091200000
1.12.1	配线	m	C091201000
1.12.2	配管	m	C091202000
1.12.3	电缆	m	C091203000
1.12.4	桥架	m	C091204000
1.12.5	火灾探测器	个	C091205000
1.12.6	消火栓启泵按钮	个	C091206000
1.12.7	联动报警一体机	台	C091207000
1.12.8	区域报警控制箱	台	C091208000
1.12.9	联动控制箱	台	C091209000
1.12.10	远程控制箱（柜）	台	C091210000
1.12.11	火灾报警系统控制主机	台	C091211000
1.12.12	联动控制主机	台	C091212000
1.12.13	消防广播及对讲电话主机（柜）	台	C091213000
1.12.14	火灾报警控制微机（CRT）	台	C091214000
1.12.15	备用电源及电池主机（柜）	套	C091215000
1.12.16	模块	个	C091216000
1.12.17	扬声器	个	C091217000
1.12.18	应急照明装置	个	C091218000

H. 0. 12 给排水工程主要工程量指标的描述应符合表 H.0.12 的规定。

表 H.0.12 给排水工程主要工程量指标

序号	名称	单位	编码
1	给排水工程		C100000000
1.1	给水管	m	C100100000
1.2	中水管	m	C100200000
1.3	热水管	m	C100300000
1.4	排水管	m	C100400000
1.5	雨水管	m	C100500000
1.6	压力排水管	m	C100600000
1.7	管件	个	C100700000
1.8	阀门	个	C100800000
1.9	保温材料	m^3	C100900000
1.10	卫生洁具	套	C101000000
1.10.1	洗脸（涤）盆	套	C101001000
1.10.2	大便器	套	C101002000
1.10.3	小便器	套	C101003000
1.11	热水机组	台	C101100000
1.12	离心式泵	台	C101200000
1.13	潜水泵	台	C101300000
1.14	变频给水设备	套	C101400000
1.15	水箱	台	C101500000

H. 0. 13 采暖工程主要工程量指标的描述应符合表 H.0.13 的规定。

表 H.0.13　采暖工程主要工程量指标

序号	名称	单位	编码
1	采暖工程		C110000000
1.1	采暖管道	m	C110100000
1.2	地板辐射采暖	m/ m^2	C110200000
1.3	管件	个	C110300000
1.4	阀门	个	C110400000
1.5	保温材料	m^3	C110500000
1.6	换热器	套	C110600000
1.7	水箱	台	C110700000
1.8	水处理器	台	C110800000
1.9	离心泵	台	C110900000
1.10	地源热泵机组	组	C111000000
1.11	散热器	组	C111100000
1.12	热媒集配装置	组	C111200000
1.13	太阳能集热装置	台	C111300000

H. 0. 14 燃气工程主要工程量指标的描述应符合表 H.0.14 的规定。

表 H.0.14　燃气工程主要工程量指标

序号	名称	单位	编码
1	燃气工程		C120000000
1.1	管道	m	C120100000

序号	名称	单位	编码
1.2	管件	个	C120200000
1.3	阀门	个	C120300000
1.4	燃气表	块	C120400000
1.5	燃气灶具	台	C120500000
1.6	热水器	台	C120600000
1.7	调压器	台	C120700000
1.8	调压箱	个	C120800000

H.0.15 医疗气体工程主要工程量指标的描述应符合表 H.0.15 的规定。

表 H.0.15　医疗气体工程主要工程量指标

序号	名称	单位	编码
1	医疗气体工程		C130000000
1.1	医疗气体管道	m	C130010000
1.2	阀门	个	C130020000
1.3	制氧机	台	C130030000
1.4	集污罐	个	C130040000
1.5	刷手池	组	C130050000
1.6	干燥机	台	C130060000
1.7	医疗设备带	m	C130070000
1.8	气体终端	个	C130080000

H. 0. 16 电梯工程主要工程量指标的描述应符合表 H.0.16 的规定。

表 H.0.16　电梯工程主要工程量指标

序号	名称	单位	编码
1	电梯工程		C140000000
1.1	交流电梯	台	C140100000
1.2	直流电梯	台	C140200000
1.3	小型杂货电梯	台	C140300000
1.4	观光电梯	台	C140400000
1.5	液压电梯	台	C140500000

H. 0. 17 市政工程主要工程量指标的描述应符合表 H.0.17 的规定。

表 H.0.17　市政工程主要工程量指标

序号	名称	单位	编码
1	土石方工程	m^3	D010000000
1.1	挖土（石）方	m^3	D010100000
1.2	回填土（石）方	m^3	D010200000
2	道路工程		D020000000
2.1	车行道	m^2	D020100000
2.1.1	道路基层	m^2	D020101000
2.1.2	道路面层	m^2	D020102000
2.2	人行道	m^2	D020200000
2.2.1	人行道基层	m^2	D020201000
2.2.2	人行道面层	m^2	D020202000

序号	名称	单位	编码
2.3	交通工程		D020300000
2.3.1	标线（实线）	m	D020301000
2.3.2	标线（虚线）	m	D020302000
2.3.3	图案、标记	个	D020303000
2.3.4	标杆	套	D020304000
2.3.5	标志板	块	D020305000
2.3.6	信号机	台	D020306000
2.3.7	信号灯	套	D020307000
2.3.8	监控摄像机	套	D020308000
2.4	电力通道	m	D020400000
2.4.1	通道混凝土结构	m^3	D020401000
2.4.2	风孔、人孔	座	D020402000
2.5	边坡防护	m^2	D020500000
2.6	附属结构	m^3	D020600000
2.6.1	路缘石	m	D020601000
2.6.1	树池	个	D020601000
3	桥涵工程		D030000000
3.1	桥梁上部结构		D030100000
3.1.1	桥跨结构		D030101000
3.1.1.1	梁体	m^3	D030101010
3.1.1.2	拉索	t	D030101020

序号	名称	单位	编码
3.1.1.3	钢结构	t	D030101030
3.1.1.4	钢筋工程	t	D030101040
3.1.1.5	变形缝	m	D030101040
3.1.2	支座系统	个	D030102000
3.2	桥梁基础	m³	D030200000
3.2.1	桩基础	m³	D030201000
3.2.2	桩基系梁	m³	D030202000
3.2.3	承台	m³	D030203000
3.2.4	扩大基础	m³	D030204000
3.2.5	钢筋工程	t	D030205000
3.3	桥梁下部结构（不含基础）	m³	D030300000
3.3.1	桥墩	m³	D030301000
3.3.2	桥台	m³	D030302000
3.3.3	钢筋工程	t	D030303000
3.4	立交箱涵	m³	D030400000
3.4.1	箱涵底板	m³	D030401000
3.4.2	箱涵侧墙	m³	D030402000
3.4.3	箱涵顶板	m³	D030403000
3.4.4	钢筋工程	t	D030404000
3.5	桥面装饰	m²	D030500000
3.6	桥面防水	m²	D030600000

序号	名称	单位	编码
3.7	栏杆	m	D030700000
3.8	隔音屏障	m²	D030800000
3.9	围堰	m³/m	D030900000
4	隧道工程	m	D040000000
4.1	隧道开挖		D040100000
4.1.1	开挖土石方	m³	D040101000
4.1.2	小导管、管棚	m	D040102000
4.2	隧道衬砌		D040200000
4.2.1	混凝土仰拱衬砌	m³	D040201000
4.2.2	混凝土顶拱衬砌	m³	D040202000
4.2.3	混凝土边墙衬砌	m³	D040203000
4.2.4	混凝土竖井衬砌	m³	D040204000
4.2.5	混凝土沟道	m³	D040205000
4.2.6	拱部喷射混凝土	m²	D040206000
4.2.7	边墙喷射混凝土	m²	D040207000
4.2.8	拱圈砌筑	m³	D040208000
4.2.9	边墙砌筑	m³	D040209000
4.2.10	洞门砌筑	m³	D040210000
4.2.11	沟道砌筑	m³	D040211000
4.3	盾构掘进		D040300000
4.3.1	盾构吊装及拆除台次	台·次	D040301000

序号	名称	单位	编码
4.3.2	盾构机调头	台·次	D040302000
4.3.3	盾构机转场运输	台·次	D040303000
4.3.4	盾构掘进	m	D040304000
4.3.5	预制混凝土管片	m³	D040305000
4.3.6	衬砌壁后压浆	m³	D040306000
4.3.7	盾构基座	t	D040307000
4.3.8	盾构泥浆处理系统	套	D040308000
4.4	管节顶升、旁通道		D040400000
4.4.1	钢筋混凝土顶升管节	m³	D040401000
4.4.2	顶升设备安拆	套	D040402000
4.4.3	管节顶升	m	D040403000
4.4.4	旁通道混凝土结构	m³	D040404000
4.4.5	钢筋混凝土复合管片	m³	D040405000
4.4.6	钢管片	t	D040406000
4.5	隧道沉井		D040500000
4.5.1	沉井封底	m³	D040501000
4.5.2	沉井底板	m³	D040502000
4.5.3	沉井井壁	m³	D040503000
4.5.4	沉井隔墙	m³	D040504000
4.5.5	沉井下沉深度	m³	D040505000
4.5.6	沉井填心	m³	D040506000

序号	名称	单位	编码
4.5.7	钢封门	t	D040507000
4.6	围护结构	m²	D040600000
4.7	混凝土结构	m³	D040700000
4.7.1	混凝土地梁	m³	D040701000
4.7.2	混凝土底板	m³	D040702000
4.7.3	混凝土柱	m³	D040703000
4.7.4	混凝土墙	m³	D040704000
4.7.5	混凝土梁	m³	D040705000
4.7.6	混凝土平台、顶板	m³	D040706000
4.7.7	隧道内架空路面	m³	D040707000
4.7.8	其他混凝土结构	m³	D040708000
4.8	沉管隧道	m³	D040800000
4.8.1	沉管钢底板	t	D040801000
4.8.2	沉管混凝土底板	m³	D040802000
4.8.3	沉管混凝土侧墙	m³	D040803000
4.8.4	沉管混凝土顶板	m³	D040804000
4.8.5	沉管管浮段临时供电系统	套	D040805000
4.8.6	沉管管浮段临时排水系统	套	D040806000
4.8.7	沉管管浮段临时通风系统	套	D040807000
4.8.8	航道疏浚	m³	D040808000
4.8.9	沉管河床开挖	m³	D040809000

序号	名称	单位	编码
4.8.10	沉管管节浮运	ktm	D040810000
4.8.11	管道沉放连接	节	D040811000
4.9	钢筋工程	t	D040900000
4.10	路面铺装	m²	D041000000
4.11	防水工程	m²	D041100000
5	供水管网工程	m	D050000000
5.1	管道	m	D050100000
5.2	阀门	个	D050200000
5.3	水表	个（组）	D050300000
5.4	消防器具	个	D050400000
5.5	检查井	座	D050500000
6	排水管网工程	m	D060000000
6.1	管道基础	m³	D060100000
6.2	管道敷设	m	D060200000
6.3	检查井	座	D060300000
6.4	雨水口	座	D060400000
7	燃气管网工程		D070000000
7.1	管道	m	D070100000
7.2	阀门	个	D070200000
7.3	气体置换	m	D070300000
7.4	探伤	m（m²）	D070400000

序号	名称	单位	编码
8	路灯工程	m	D080000000
8.1	控制设备及低压电器	台	D080100000
8.2	电缆	m	D080200000
8.3	电缆头	个	D080300000
8.4	配管	m	D080400000
8.5	配线	m	D080500000
8.6	照明灯具	套	D080600000
9	拆除工程		D090000000
9.1	沥青路面拆除	m^2	D090100000
9.2	水泥混凝土路面拆除	m^2	D090200000
9.3	基层拆除	m^2	D090300000
9.4	人行道拆除	m^2	D090400000
9.5	路缘石拆除	m	D090500000
9.6	管、线拆除	m	D090600000
9.7	砖、石构件拆除	m^3	D090700000
9.8	混凝土及钢筋混凝土构件拆除	m^3	D090800000
9.9	伐树、挖树兜	株	D090900000
9.10	道路电杆	杆	D091000000
9.11	栏杆拆除	m	D091100000
9.12	检查井拆除	m^3	D091200000
10	措施项目		D100000000

序号	名称	单位	编码
10.1	脚手架工程	m²	D100100000
10.2	混凝土模板	m²	D100200000
10.3	木垛、支架及万能杆件	m³	D100300000
10.4	大型机械设备进出场及安拆	台次	D100400000
10.5	施工排水、降水	m	D100500000
10.6	便道、便桥	m²	D100600000
10.7	围堰	m³	D100700000
10.8	筑岛	m³	D100800000

H.0.18 园林绿化工程主要工程量指标的描述应符合表 H.0.18 的规定。

表 H.0.18 园林绿化工程主要工程量指标

序号	名称	单位	编码
1	栽植基础工程（绿地整理）		E010000000
1.1	砍伐树木及挖除树根	株	E010100000
1.2	栽植土回填及地形造型	m³	E010200000
1.3	重盐碱、重黏土地土壤改良工程	m²	E010300000
1.4	设施顶面栽植基层（盘）工程	m²	E010400000
1.5	坡面绿化防护栽植基层工程	m²	E010500000
1.6	水湿生植物栽植槽工程	m²	E010600000
2	屋面清理	m²	E020000000
3	栽植工程		E030000000

序号	名称	单位	编码
3.1	栽植乔木	株	E030100000
3.2	栽植灌木	株	E030200000
3.3	铺种草坪	m²	E030300000
3.4	栽植竹类	株/丛	E030400000
3.5	栽植棕榈类	株	E030500000
3.6	栽植其他植物(包括绿篱、攀缘植物等)	m	E030600000
4	园路与广场铺装		E040000000
4.1	园路(包括人行、骑行)	m²	E040100000
4.2	广场铺装	m²	E040200000
4.3	木制步桥	m²	E040300000
4.4	栈道	m²	E040400000
5	园路园桥		E050000000
5.1	机动车道	m	E050100000
5.2	人行景观桥	m³/ m²	E050200000
5.3	车行道桥	m³/ m²	E050300000
6	驳岸、护岸		E060000000
6.1	驳岸	m²	E060100000
6.2	护岸	m²	E060200000
7	堆塑假山	m³/t	E070000000
8	花架	m²/m	E080000000
9	亭廊屋面	m²	E090000000
10	亭	座	E100000000

序号	名称	单位	编码
11	园林设施		E110000000
11.1	桌、椅、凳	m/个	E110100000
11.2	栏杆	m/m²	E110200000
11.3	艺术小品	个	E110300000
12	园林理水工程		E120000000
12.1	喷泉系统	套	E120100000
12.2	喷灌系统	套	E120200000
13	排水沟	m	E130000000

H. 0. 19 构筑物工程主要工程量指标的描述应符合表 H.0.19 的规定。

表 H.0.19 构筑物工程主要工程量指标

序号	名称	单位	编码
1	土石方工程	m³	F010000000
1.1	挖土（石）方	m³	F010100000
1.2	回填土（石）方	m³	F010200000
2	挡墙护坡工程	m³	F020000000
3	桩与地基基础工程		F030000000
3.1	混凝土桩	m/根	F030100000
3.2	地基基础	m³	F030200000
4	混凝土构筑物工程		F040000000
4.1	池类	m³	F040100000

序号	名称	单位	编码
4.2	贮仓（库）类	m³	F040200000
4.3	水塔	m³	F040300000
4.4	机械通风冷却塔	m³	F040400000
4.5	双曲线自然通风冷却塔	m³	F040500000
4.6	烟囱	m³	F040600000
4.7	烟道	m³	F040700000
4.8	工业隧道	m³	F040800000
4.9	沟道（槽）	m³	F040900000
4.10	造粒塔	m³	F041000000
4.11	输送栈桥	m³	F041100000
4.12	井类	座	F041200000
4.13	电梯井	m³	F041300000
5	砌体构筑物工程		F050000000
5.1	烟囱	m³	F050100000
5.2	烟道	m³	F050200000
5.3	沟道（槽）	m³	F050300000
5.4	井	座	F050400000
5.5	井、沟盖板	块	F050500000
6	脚手架工程		F060000000
6.1	特殊构筑物（烟囱、水塔、电梯井等）脚手架	座	F060100000
6.2	脚手架工程	m²	F060200000

序号	名称	单位	编码
8	钢筋	t	F080000000
9	钢材	t	F090000000
10	金属构件	t	F100000000
11	防水	m²	F110000000
12	保温	m²	F120000000
13	防腐	m²	F130000000
14	模板	m²	F140000000
14.1	池类模板	m²	F140100000
14.2	贮仓类模板	m²	F140200000
14.3	水塔模板	m²	F140300000
14.4	机械通风冷却塔模板	m²	F140400000
14.5	双曲线自然通风冷却塔模板	m²	F140500000
14.6	烟囱模板	m²	F140600000
14.7	烟道模板	m²	F140700000
14.8	工业隧道模板	m²	F140800000
14.9	沟道模板	m²	F140900000
14.10	造粒塔模板	m²	F141000000
14.11	输送栈桥模板	m²	F141100000
14.12	井类模板	m²	F141200000
14.13	电梯井模板	m²	F141300000
14.14	滑升模板	m³	F141400000

H.0.20 城市轨道交通工程主要工程量指标的描述应符合表 H.0.20 的规定。

表 H.0.20　城市轨道交通工程主要工程量指标

序号	名称	单位	编码
1	土石方工程		G010000000
1.1	挖土（石）方	m^3	G010100000
1.2	回填土（石）方	m^3	G010200000
2	地基处理与基坑支护		G020000000
2.1	填料加固	m^3	G020100000
2.2	地基处理桩	m/根	G020200000
2.3	边坡支护	m^2	G020300000
2.4	路基排水	m^2	G020400000
3	桩基础工程		G030000000
3.1	混凝土桩	m/根	G030100000
4	砌筑工程		G040000000
4.1	基础	m^3	G040100000
4.2	墙体	m^3	G040200000
5	混凝土及钢筋混凝土工程		G050000000
5.1	混凝土基础	m^3	G050100000
5.2	混凝土柱	m^3	G050200000
5.3	混凝土梁	m^3	G050300000
5.4	混凝土底板	m^3	G050400000
5.5	混凝土侧壁	m^3	G050500000
5.6	混凝土顶板	m^3	G050600000
5.7	混凝土楼梯	m^2	G050700000
5.8	预制管廊	m^3	G050800000
5.9	钢筋工程	t	G050900000

序号	名称	单位	编码
6	隧道衬砌	m	G060000000
7	箱涵工程	m	G070000000
8	钢结构工程	t	G080000000
9	模板	m²	G090000000
10	防水工程		G100000000
10.1	卷材防水	m²	G100100000
10.2	涂膜防水	m²	G100200000
10.3	板材防水	m²	G100300000
10.4	刚性防水	m²	G100400000
10.5	变形缝与止水带	m	G100500000
11	装饰工程		G110000000
11.1	楼地面工程	m²	G110100000
11.2	墙柱面工程	m²	G110200000
11.3	顶棚工程	m²	G110300000
11.4	屋面装饰工程	m²	G110400000
12	通信工程		G120000000
12.1	通信线路工程	km	G120100000
12.2	传输系统	套	G120200000
12.3	电话系统	套	G120300000
12.4	无线通信系统	套	G120400000
12.5	广播系统	套	G120500000
12.6	闭路电视监控系统	套	G120600000
12.7	时钟系统	套	G120700000

序号	名称	单位	编码
12.8	电源系统	组	G120800000
12.9	计算机网络及附属设备	套	G120900000
13	信号工程		G130000000
13.1	信号线路	km	G130100000
13.2	室外设备	套	G130200000
13.3	室内设备	套	G130300000
13.4	车载设备	套	G130400000
14	供电工程		G140000000
14.1	变电所	所	G140100000
14.2	接触轨	m	G140200000
14.3	杂散电流	项	G140300000
14.4	电力监控(SCADA)	套	G140400000
14.5	动力照明	套	G140500000
14.6	电缆及配管配线	m	G140600000
14.7	综合接地	项	G140700000
14.8	不间断电源系统(UPS)	套	G140800000
14.9	感应板安装	m	G140900000
15	综合监控系统	套	G150000000
16	火灾报警系统(FAS)	套	G160000000
17	环境与设备监控（BAS）	套	G170000000
18	安防与门禁		G180000000
18.1	旅客信息系统(PLS)		G180100000
18.2	安全防范系统(SPS)	套	G180200000

序号	名称	单位	编码
18.3	门禁系统	套	G180300000
19	通风、空调与供暖		G190000000
19.1	通风设备	组	G190100000
19.2	空调设备	组	G190200000
19.3	供暖设备	组	G190300000
20	给水与排水、消防		G200000000
20.1	给排水工程		G200100000
20.1.1	碳钢管安装	m	G200101000
20.1.2	碳素钢板卷管	m	G200102000
20.1.3	塑料管安装	m	G200103000
20.2	消防工程		G200200000
20.2.1	火灾探测器	个	G200201000
20.2.2	消防控制设备	台	G200202000
20.2.3	喷淋管道	m	G200203000
20.2.4	喷头	个	G200204000
20.2.5	气体灭火系统	套	G200205000
21	自动售票系统(AFS)	套	G210000000
22	站内客运设备		G220000000
22.1	自动扶梯	部	G220100000
22.2	轮椅升降机	部	G220200000
22.3	电梯	部	G220300000
22.4	自动人行道	部	G220400000
23	站台门		G230000000

序号	名称	单位	编码
23.1	固定门	樘	G230100000
23.2	活动门	樘	G230200000
23.3	门机	樘	G230300000
24	人防门（防淹门）	樘	G240000000
25	机械设备安装工程		G250000000
25.1	起重设备安装工程	台	G250100000
25.2	起重轨道安装	m	G250200000
25.3	泵安装	台	G250300000
26	工艺设备		G260000000
26.1	停车列检库工艺设备	组	G260100000
26.2	联合检修库设备	组	G260200000
26.3	内燃机车库设备	组	G260300000
26.4	洗车库、不落轮镟库设备	组	G260400000
26.5	蓄电池检修间设备	组	G260500000
26.6	综合维修设备	组	G260600000
26.7	物资总库设备	组	G260700000

H. 0. 21 房屋建筑维修与加固工程主要工程量指标的描述应符合表 H.0.21 的规定。

表 H.0.21 房屋建筑维修与加固工程主要工程量指标

序号	名称	单位	编码
1	土石方工程	m³	H010000000
1.1	土方工程	m³	H010100000

序号	名称	单位	编码
1.2	石方工程	m³	H010200000
1.3	土石方回填	m³	H010300000
2	砖石工程	m³	H020000000
2.1	砌体加固	m³	H020100000
2.2	掏安门窗洞口	m³	H020200000
2.3	窗改门	m³	H020300000
2.4	门改窗	m³	H020400000
2.5	石砌体	m³	H020500000
2.6	石翻修	m³	H020600000
3	混凝土及钢筋混凝土工程	m³	H030000000
3.1	现浇混凝土构件	m³	H030100000
3.2	基础加固	m³	H030200000
3.3	柱加固	m³	H030300000
3.4	梁加固	m³	H030400000
3.5	板加固	m³	H030500000
3.6	墙加固	m³	H030600000
3.7	特殊加固	m³	H030700000
4	木结构加固		H040000000
4.1	木楼地板	m²	H040100000
4.2	木楼梯	m²	H040200000
4.3	木屋架	m³	H040300000
4.4	木梁柱	m³	H040400000
4.5	檩木、支撑	m³	H040500000

序号	名称	单位	编码
4.6	屋面木基层、封檐板	m²	H040600000
4.7	穿斗屋架	根	H040700000
5	金属加固构件	t	H050000000
6	屋面工程		H060000000
6.1	瓦屋面修补、拆换	m²	H060100000
6.2	型材屋面拆换	m²	H060200000
6.3	屋面排水拆换及其他	m	H060300000
6.4	防水翻修、砍补	m²	H060400000
6.5	保温翻修、砍补	m²	H060500000
7	装饰工程		H070000000
7.1	楼地面修补	m²	H070100000
7.1.1	找平层及整体面层修补	m²	H070101000
7.1.2	块料面层修补	m²	H070102000
7.1.3	防滑条、嵌条修补	m	H070103000
7.2	墙、柱（梁）面修补	m²	H070200000
7.2.1	墙、柱（梁）面一般抹灰修补	m²	H070201000
7.2.2	墙、柱（梁）面装饰抹灰修补	m²	H070202000
7.2.3	墙、柱（梁）面块料面层修补	m²	H070203000
7.2.4	墙、柱（梁）饰面修补	m²	H070204000
7.3	天棚面修补	m²	H070300000
7.3.1	天棚面抹灰修补	m²	H070301000
7.3.2	天棚吊顶拆换	m²	H070302000
7.4	门窗维修		H070400000

序号	名称	单位	编码
7.4.1	木门维修	m²	H070401000
7.4.2	木窗维修	m²	H070402000
7.4.3	金属窗维修	m²	H070403000
7.4.4	门窗套维修	m²	H070404000
7.4.5	窗台板维修	m	H070405000
7.4.6	门窗五金拆换	副	H070406000
7.5	油漆涂料修补	m²	H070500000
7.5.1	木材面油漆修补	m²	H070501000
7.5.2	金属面油漆修补	m²	H070502000
7.5.3	抹灰面油漆修补	m²	H070503000
7.5.4	喷刷涂料修补	m²	H070504000
7.5.5	裱糊	m²	H070505000

H.0.22 爆破工程主要工程量指标的描述应符合表 H.0.22 的规定。

表 H.0.22 爆破工程主要工程量指标

序号	名称	单位	编码
1	露天石方爆破	m³	J010000000
1.1	爆破面积	m²	J010100000
1.2	爆破体积	m³	J010200000
1.3	边坡高度	m	J010300000
2	地下爆破工程		J020000000
2.1	爆破面积	m²	J020100000

213

序号	名称	单位	编码
2.2	井、洞断面面积	m²	J020200000
2.3	井、洞深度	m	J020300000
3	硐室爆破工程		J030000000
3.1	爆破面积	m²	J030100000
3.2	爆破体积	m³	J030200000
3.3	断面面积	m²	J030300000
3.4	运输距离	m	J030400000
4	拆除爆破工程		J040000000
4.1	爆破面积	m²	J040100000
4.2	爆破体积	m³	J040200000
4.3	构筑物高度	m	J040300000
4.4	桥梁跨度	m	J040400000
5	水下爆破工程		J050000000
5.1	爆破体积	m³	J050100000
5.2	堤段面积	m²	J050200000
5.3	断面面积	m²	J050300000
6	挖装运输工程		J060000000
6.1	二次破碎体积	m³	J060100000
6.2	运输距离	m	J060200000

H. 0. 23 城市地下综合管廊工程主要工程量指标的描述应符合表 H.0.23 的规定。

表 H.0.23　城市地下综合管廊工程主要工程量指标

序号	名称	单位	编码
1	建筑工程		Z010000000
1.1	土石方工程		Z010100000
1.1.1	挖土石方	m^3	Z010101000
1.1.2	回填土石方	m^3	Z010102000
1.2	地基处理与基坑支护		Z010200000
1.2.1	填料加固	m^3	Z010201000
1.2.2	地基处理桩	m/根	Z010202000
1.2.3	边坡支护	m^2	Z010203000
1.3	桩基础工程		Z010300000
1.3.1	混凝土桩	m/根	Z010301000
1.4	砌筑工程		Z010400000
1.4.1	基础	m^3	Z010401000
1.4.2	墙体	m^3	Z010402000
1.5	混凝土及钢筋混凝土工程		Z010500000
1.5.1	混凝土垫层	m^3	Z010501000
1.5.2	混凝土基础	m^3	Z010502000
1.5.3	混凝土柱	m^3	Z010503000
1.5.4	混凝土梁	m^3	Z010504000
1.5.5	混凝土底板	m^3	Z010505000
1.5.6	混凝土侧壁	m^3	Z010506000
1.5.7	混凝土顶板	m^3	Z010507000

序号	名称	单位	编码
1.5.8	混凝土楼梯	m²	Z010508000
1.5.9	模板	m²	Z010509000
1.5.10	钢筋	t	Z010510000
1.6	装配式构件工程		Z010600000
1.6.1	预制管廊	m³	Z010601000
1.7	门窗工程		Z010700000
1.7.1	门	m²	Z010701000
1.7.2	窗	m²	Z010702000
1.8	防水、防腐工程		Z010800000
1.8.1	卷材防水	m²	Z010801000
1.8.2	涂膜防水	m²	Z010802000
1.8.3	板材防水	m²	Z010803000
1.8.4	刚性防水	m²	Z010804000
1.8.5	变形缝与止水带	m	Z010805000
1.9	装饰工程		Z010900000
1.9.1	楼地面工程	m²	Z010901000
1.9.2	墙柱面工程	m²	Z010902000
1.9.3	顶棚工程	m²	Z010903000
1.10	排水工程		Z010100000
1.10.1	碳钢管安装	m	Z011001000
1.10.2	碳素钢板卷管	m	Z011002000

序号	名称	单位	编码
1.10.3	塑料管安装	m	Z011003000
2	安装工程		Z020000000
2.1	机械设备安装工程		Z020100000
2.1.1	起重设备安装工程	台	Z020101000
2.1.2	起重轨道安装	m	Z020102000
2.1.3	泵安装	台	Z020103000
2.2	电气工程		Z020200000
2.2.1	变压器安装	台	Z020201000
2.2.2	配电装置	台	Z020202000
2.2.3	配电箱	台	Z020203000
2.2.3.1	线管	m	Z020203010
2.2.3.2	桥架	m	Z020203020
2.2.3.3	电线	m	Z020203030
2.2.3.4	电缆	m	Z020203040
2.2.3.5	灯具	套	Z020203050
2.2.3.6	开关	只	Z020203060
2.2.3.7	插座	只	Z020203070
2.3	给排水工程		Z020300000
2.3.1	给排水管道	m	Z020301000
2.4	通风工程		Z020400000
2.4.1	风机	台	Z020401000

序号	名称	单位	编码
2.4.2	管道	m²	Z020402000
2.5	消防工程		Z020500000
2.5.1	联动报警系统		Z020501000
2.5.1.1	火灾探测器	个	Z020501010
2.5.1.2	消防控制设备	台	Z020501020
2.5.2	喷淋灭火系统		Z020502000
2.5.2.1	喷淋管道	m	Z020502010
2.5.2.2	喷头	个	Z020502020
2.5.3	气体灭火系统	套	Z020503000
2.6	自动化工程		Z020600000
2.6.1	计算机网络	套	Z020601000
2.6.2	安防系统	点	Z020602000
2.6.3	环境监控	点	Z020603000
2.6.4	视频系统	点	Z020604000

H.0.24 海绵城市建设工程主要工程量指标的描述应符合表 H.0.24 的规定。

表 H.0.24　海绵城市建设工程主要工程量指标

序号	名称	单位	编码
1	透水混凝土	m³	M010000000
2	透水砖	m²	M020000000

序号	名称	单位	编码
3	草皮	m^2	M030000000
4	种植土	m^3	M040000000
5	砂砾石	m^3	M050000000
6	碎石	m^3	M060000000
7	渗井	座	M070000000
8	穿孔管	m	M080000000
9	土工布	m^2	M090000000
10	屋面防水	m^2	M100000000
10	混凝土	m^3	M110000000
11	安全分流井	座	M120000000
12	雨水提升泵	台	M130000000
13	混凝加药装置	套	M140000000
14	管道混合器	个	M150000000
15	回用水成套变频给水设备	套	M160000000

附录 J 主要材料消耗量指标

J.0.1 房屋建筑与装饰工程主要材料消耗量指标的描述应符合表 J.0.1 的规定。

表 J.0.1 房屋建筑工程主要材料消耗量指标

序号	材料名称	单位	归属材料分类	分类编码
1	圆钢	t	圆钢	0109
2	钢筋	t	钢筋	0101
3	钢绞线	t	钢绞线、钢丝束	0107
4	型钢	t	H 型钢，Z 型钢，其他型钢	0123,0125,0127
5	扁钢	m	扁钢	0113
6	水泥	kg	水泥	0401
7	商品混凝土	m³	普通混凝土	8021
8	抗渗商品混凝土	m³	特种混凝土	8027
9	装配式钢筋混凝土预制柱	m³	钢筋混凝土构件	4021
10	装配式钢筋混凝土预制梁	m³	钢筋混凝土构件	4021
11	装配式钢筋混凝土预制叠合梁	m³	钢筋混凝土构件	4021
12	装配式钢筋混凝土预制外墙板	m³	钢筋混凝土构件	4021
13	装配式钢筋混凝土预制叠合外墙板	m³	钢筋混凝土构件	4021

序号	材料名称	单位	归属材料分类	分类编码
14	装配式钢筋混凝土预制内墙板	m³	钢筋混凝土构件	4021
15	装配式钢筋混凝土预制女儿墙板	m³	钢筋混凝土构件	4021
16	装配式钢筋混凝土预制叠合楼板	m³	钢筋混凝土构件	4021
17	装配式钢筋混凝土预制阳台	m³	钢筋混凝土构件	4021
18	装配式预制混凝土空调板	m³	钢筋混凝土构件	4021
19	装配式钢筋混凝土预制楼梯	m³	钢筋混凝土构件	4021
20	装配式钢筋混凝土预制烟道、通风道	m³	钢筋混凝土构件	4021
21	装配式预制零星构件	m³	钢筋混凝土构件	4021
22	金属结构	t	黑色及有色金属	01
23	预拌砂浆	t	水泥砂浆，石灰砂浆，混合砂浆，特种砂浆，其他砂浆	8001，8003，8005，8007，8009
24	锯材	m³	锯材	0503
25	石子	m³	石子	0405
26	砂	m³	砂	0403
27	砌块	m³	砌块	0415
28	砖	千皮	砌砖	0413
29	石料	m³	石料	0411
30	石灰膏	m³	灰浆、水泥浆	8011

序号	材料名称	单位	归属材料分类	分类编码
31	玻璃	m²	玻璃及玻璃制品	06
32	防水卷材	m²	防水卷材	1333
33	防水涂料	kg	防水涂料	1306
34	保温材料	m²	墙面、天棚及屋面材料，绝热（保温）、耐火材料	09，15
35	人造石板	m²	人造石板材	0811
36	地砖	m²	陶瓷地砖，石塑地砖，塑料地砖	0705，0709，0711
37	面砖	m²	陶瓷内墙砖，陶瓷外墙砖	0701，0703
38	铝材	kg	铝板（带）材	0143
39	铝塑板	m²	铝塑复合板	0913
40	石材	m²	装饰石材及石材制品	08
41	吊顶天棚	m²	墙面、天棚及屋面材料	09
42	门	m²/樘	门窗及楼梯制品	11
43	窗	m²/樘	门窗及楼梯制品	11
44	特种门	m²/樘	特种门	1123
45	特种窗	m²/樘	特种窗	1124
46	原木	m³	原木	0501
47	涂料、油漆	kg	通用涂料，建筑涂料，功能性涂料，木器涂料，金属涂料，其他防腐防水材料	1301，1303，1305，1307，1309

注：特种门和特种窗包括防火、防盗、防爆、防烟、防尘等类型的门窗。

J.0.2 仿古建筑工程主要材料消耗量指标的描述应符合表 J.0.2 的规定。

表 J.0.2　仿古建筑工程主要材料消耗量指标

序号	材料名称	单位	归属材料分类	分类编码
1	圆钢	t	圆钢	0109
2	钢筋	t	钢筋	0101
3	钢绞线	t	钢绞线、钢丝束	0107
4	型钢	t	H 型钢，Z 型钢，其他型钢	0123，0125，0127
5	扁钢	m	扁钢	0113
6	水泥	kg	水泥	0401
7	商品混凝土	m³	普通混凝土	8021
8	琉璃博缝头	块	琉璃砖	3101
9	琉璃花心	m²	琉璃砖	3101
10	琉璃直檐	块	琉璃砖	3101
11	琉璃半混	块	琉璃砖	3101
12	琉璃枭	块	琉璃瓦件	3103
13	琉璃扣脊瓦	块	琉璃瓦件	3103
14	琉璃梢子	份	琉璃瓦件	3103
15	琉璃托山混	块	琉璃瓦件	3103
16	琉璃土衬	块	琉璃瓦件	3103
17	琉璃挂落	m²	琉璃瓦件	3103
18	琉璃梁枋	m	琉璃其余仿古材料	3107
19	琉璃柱子	m	琉璃其余仿古材料	3107
20	琉璃垫板	m	琉璃其余仿古材料	3107

序号	材料名称	单位	归属材料分类	分类编码
21	小青瓦	百皮	黏土瓦件	3111
22	切角小青瓦	百皮	黏土瓦件	3111
23	素筒瓦	百皮	黏土瓦件	3111
24	切角素筒瓦	百皮	黏土瓦件	3111
25	红陶瓦	百皮	黏土瓦件	3111
26	素正脊筒	m	黏土瓦件	3111
27	素正当沟	百块	黏土瓦件	3111
28	素罗锅瓦	百皮	黏土瓦件	3111
29	素续罗锅瓦	百皮	黏土瓦件	3111
30	素折玄瓦	百皮	黏土瓦件	3111
31	预制滴水瓦	百皮	瓦	0417
32	预制勾头瓦	百皮	瓦	0417
33	素花边瓦	百皮	黏土瓦件	3111
34	素滴水瓦	百皮	黏土瓦件	3111
35	素勾头瓦	百皮	黏土瓦件	3111
36	素正吻(兽)	个	黏土瓦件	3111
37	吻(兽)桩锔子	kg	其他仿古材料	3123
38	琉璃瓦	百皮	琉璃瓦件	3103
39	琉璃脊	m	琉璃瓦件	3103
40	琉璃正当勾	百皮	琉璃瓦件	3103
41	琉璃罗锅瓦	百皮	琉璃瓦件	3103
42	琉璃续罗锅瓦	百皮	琉璃瓦件	3103
43	琉璃折玄板瓦	百皮	琉璃瓦件	3103

序号	材料名称	单位	归属材料分类	分类编码
44	琉璃续折玄板瓦	百皮	琉璃瓦件	3103
45	琉璃滴水瓦	百皮	琉璃瓦件	3103
46	琉璃勾头瓦	百皮	琉璃瓦件	3103
47	切角琉璃滴水瓦	百皮	琉璃瓦件	3103
48	切角琉璃勾头瓦	百皮	琉璃瓦件	3103
49	琉璃正吻(兽鳌鱼头，龙吻，鱼龙吻)	件	琉璃人、兽材料	3105
50	琉璃斜当沟	百块	琉璃瓦件	3103
51	琉璃压当条	百条	琉璃瓦件	3103
52	琉璃合角吻（兽）	块	琉璃瓦件	3103
53	仿古方地砖	块	黏土砖（黑活瓦件）	3109
54	陶瓷片	m²	其他仿古材料	3123
55	调和漆	kg	涂料及防腐材料	13
56	聚醋酸乙烯乳胶	kg	涂料及防腐材料	13
57	羧甲基纤维素	kg	涂料及防腐材料	13
58	丙烯酸清漆	kg	涂料及防腐材料	13
59	国画颜料	kg	仿古油饰、彩画材料	3117
60	砖	千皮	砌砖	0413
61	锯材	m³	锯材	0503
62	青(红)砂石	m³	石料	0411
63	方砖	百块	砌砖	0413
64	方整石	m³	石料	0411
66	原木	m³	原木	0501
67	成品仿古纱窗	m²	纱门、纱窗	1121

J. 0. 3 机械设备安装工程、热力设备安装工程、静置设备与工艺金属结构制作安装工程主要材料消耗量指标的描述应符合表 J.0.3 的规定。

表 J.0.3 机械设备安装工程、热力设备安装工程、静置设备与工艺金属结构制作安装工程主要材料消耗量指标

序号	材料名称	单位	归属材料分类	分类编码
1	圆钢	t	圆钢	0109
2	钢筋	t	钢筋	0101
3	钢绞线	t	钢绞线、钢丝束	0107
4	型钢	t	H 型钢，Z 型钢，其他型钢	0123，0125，0127
5	扁钢	m	扁钢	0113
6	水泥	kg	水泥	0401
7	商品混凝土	m³	普通混凝土	8021
8	原木	m³	原木	0501

J. 0. 4 电气工程主要材料消耗量指标的描述应符合表 J.0.4 的规定。

表 J.0.4 电气工程主要材料消耗量指标

序号	材料名称	单位	归属材料分类	分类编码
1	低压开关柜	台	配电箱	5509
2	控制箱	台	配电箱	5509
3	配电箱/柜	台	配电箱	5509
4	母线	m	裸电线	2801
5	电缆	m	电力电缆	2811

序号	材料名称	单位	归属材料分类	分类编码
6	桥架	m	桥架	2901
7	配管	m	管材	17
8	配线	m	裸电线	2801
9	灯具	套	灯具、光源	25
10	开关	个	开关、插座	26
11	插座	个	开关、插座	26

J.0.5 建筑智能化工程主要材料消耗量指标的描述应符合表 J.0.5 的规定。

表 J.0.5 建筑智能化工程主要材料消耗量指标

序号	材料名称	单位	归属材料分类	分类编码
1	光缆	m	光纤光缆	2825
2	电缆	m	电力电缆	2811
3	桥架	m	桥架	2901
4	配管	m	管材	17
5	配线	m	裸电线	2801
6	控制箱	台	配电箱	5509
7	终端盒	台	接线盒(箱)	2911
8	监控设备	套	安防检查、监控显示器材	3003
9	显示设备	台	安防检查、监控显示器材	3003
10	检查设备	套	安防检查、监控显示器材	3003
11	管理设备	套	停车场管理系统器材	3005

J.0.6 自动化控制仪表安装工程主要材料消耗量指标的描述应符合表 J.0.6 的规定。

表 J.0.6　自动化控制仪表安装工程主要材料消耗量指标

序号	材料名称	单位	归属材料分类	分类编码
1	配管	m	管材	17
2	配线	m	裸电线	2801
3	钢材	kg	黑色及有色金属	01

J.0.7 通风空调工程主要材料消耗量指标的描述应符合表 J.0.7 的规定。

表 J.0.7　通风空调工程主要材料消耗量指标

序号	材料名称	单位	归属材料分类	分类编码
1	通风系统风管	m²	风管、风道	2245
2	通风系统阀门	个	调节阀	2253
3	通风系统风口	个	风口	2241
4	通风系统轴流通风机	台	通风机	5029
5	通风系统其他风机	台	通风机	5029
6	空调系统风管	m²	风管、风道	2245
7	空调系统阀门	个	调节阀	2253
8	空调系统风口	个	风口	2241
9	空调器	台	空调器	5003
10	风机盘管	台	风机盘管	2240
11	排烟系统风管	m²	风管、风道	2245
12	排烟系统阀门	个	调节阀	2253

序号	材料名称	单位	归属材料分类	分类编码
13	排烟系统风口	个	风口	2241
14	排烟系统轴流通风机	台	通风机	5029
15	排烟系统其他风机	台	通风机	5029
16	空调水管道	m	管材	17
17	VRV 系统管道	m	管材	17
18	阀门	个	阀门	19

J.0.8 工业管道工程主要材料消耗量指标的描述应符合表 J.0.8 的规定。

表 J.0.8　工业管道工程主要材料消耗量指标

序号	材料名称	单位	归属材料分类	分类编码
	低压管道	m	管材	17
2	低压管件	个	管件及管道用器材	18
3	低压阀门	个	阀门	19
4	低压法兰	副	阀门	19
5	中压管道	m	管材	17
6	中压管件	个	管件及管道用器材	18
7	中压阀门	个	阀门	19
8	中压法兰	副	阀门	19
9	高压管道	m	管材	17
10	高压管件	个	管件及管道用器材	18
11	高压阀门	个	阀门	19
12	高压法兰	副	阀门	19

序号	材料名称	单位	归属材料分类	分类编码
13	板卷管制作	t		
14	管件制作	t		
15	管道保温	m³	绝热（保温）、耐火材料	15

J.0.9 消防工程主要材料消耗量指标的描述应符合表 J.0.9 的规定。

表 J.0.9 消防工程主要材料消耗量指标

序号	材料名称	单位	归属材料分类	分类编码
1	消火栓管道	m	管材	17
2	水喷淋管道	m	管材	17
3	泡沫灭火管道	m	管材	17
4	水喷淋喷头	个	消防喷头	2321
5	消火栓	套	消火栓	2303
6	灭火器	具	灭火器	2301
7	阀门	个	阀门	19
8	探测器	个	探测器	2337
9	手动报警按钮	个	其他报警器材	2341
10	消火栓启泵按钮	个	其他报警器材	2341
11	配管	m	管材	17
12	配线	m	裸电线	2801
13	桥架	m	桥架	2901
14	区域报警控制箱	台	配电箱	5509
15	联动控制箱	台	配电箱	5509
16	远程控制箱（柜）	台	配电箱	5509

序号	材料名称	单位	归属材料分类	分类编码
17	火灾报警系统控制主机	台	成套报警装置	2339
18	联动控制主机	台	成套报警装置	2339
19	消防广播及对讲电话主机（柜）	台	成套报警装置	2339
20	火灾报警控制微机（CRT)	台	成套报警装置	2339
21	备用电源及电池主机（柜）	套	成套报警装置	2339
22	报警联动一体机	台	成套报警装置	2339
23	模块	个	现场模块	2340
24	扬声器	个	消防通信广播器材	2343

J.0.10 给排水工程主要材料消耗量指标的描述应符合表 J.0.10 的规定。

表 J.0.10　给排水工程主要材料消耗量指标

序号	材料名称	单位	归属材料分类	分类编码
1	给水管	m	管材	17
2	中水管	m	管材	17
3	热水管	m	管材	17
4	排水管	m	管材	17
5	雨水管	m	管材	17
6	压力排水管	m	管材	17
7	阀门	个	阀门	19
8	水表	个（组）	水表	2401

序号	材料名称	单位	归属材料分类	分类编码
9	保温材料	m³	绝热（保温）、耐火材料	15
10	卫生器具	套	洁具及燃气器具	21
11	热水器	台	其他燃气器具	2157

J. 0. 11 采暖工程主要材料消耗量指标的描述应符合表 J.0.11 的规定。

表 J.0.11　采暖工程主要材料消耗量指标

序号	材料名称	单位	归属材料分类	分类编码
1	采暖管道	m	管材	17
2	地板辐射采暖	m/ m²	管材	17
3	阀门	个	阀门	19
4	保温材料	m³	绝热（保温）、耐火材料	15
5	换热器	套	换热器(蒸发器、冷凝器)	5015
6	散热器	组	铸铁散热器，钢制散热器，铝制散热器，铜及复合散热器，其他散热器	2201，2203，2205，2207，2209
7	热媒集配装置	组	采暖及通风空调器材	22
8	太阳能集热装置	台	采暖及通风空调器材	22

J. 0. 12 燃气工程主要材料消耗量指标的描述应符合表 J.0.12 的规定。

表 J.0.12 燃气工程主要材料消耗量指标

序号	材料名称	单位	归属材料分类	分类编码
1	燃气管道	m	管材	17
2	阀门	个	阀门	19
3	燃气壁挂炉	台	其他燃气器具	2157
4	燃气热水器	台	其他燃气器具	2157
5	燃气表	块	其他燃气器具	2157
6	燃气灶具	台	其他燃气器具	2157
7	调压器	台	调压装置	2153
8	调压箱	个	调压装置	2153

J.0.13 医疗气体工程主要材料消耗量指标的描述应符合表 J.0.13 的规定。

表 J.0.13 医疗气体工程主要材料消耗量指标

序号	材料名称	单位	归属材料分类	分类编码
1	医疗气体管道	m	管材	17
2	阀门	个	阀门	19
3	制氧机	台		
4	集污罐	个		
5	刷手池	组	洗脸盆、洗手盆	2109
6	干燥机	台		
7	医疗设备带	m		
8	气体终端	个		

J.0.14 电梯工程主要材料消耗量指标的描述应符合表 J.0.14 的规定。

表 J.0.14 电梯工程主要材料消耗量指标

序号	材料名称	单位	归属材料分类	分类编码
1	交流电梯	台	电梯	56
2	直流电梯	台	电梯	56
3	小型杂货电梯	台	电梯	56
4	观光电梯	台	电梯	56
5	自动扶梯	台	电梯	56

J.0.15 市政工程主要材料消耗量指标的描述应符合表 J.0.15 的规定。

表 J.0.15 市政工程主要材料消耗量指标

序号	材料名称	单位	归属材料分类	分类编码
1	圆钢	t	圆钢	0109
2	钢筋	t	钢筋	0101
3	钢绞线	t	钢绞线、钢丝束	0107
4	型钢	t	H 型钢，Z 型钢，其他型钢	0123，0125，0127
5	扁钢	m	扁钢	0113
6	水泥	kg	水泥	0401
7	商品混凝土	m³	普通混凝土	8021
8	抗渗商品混凝土	m³	特种混凝土	8027
9	水下商品混凝土	m³	特种混凝土	8027
10	沥青混凝土	m³	沥青混凝土	8025
11	沥青玛琋脂碎石混凝土	m³	沥青混凝土	8025

序号	材料名称	单位	归属材料分类	分类编码
12	改性沥青混凝土	m³	沥青混凝土	8025
13	改性沥青玛琋脂碎石混凝土	m³	沥青混凝土	8025
14	透水混凝土	m³	特种混凝土	8027
15	沥青	kg	沥青	1331
16	稀浆封层	m³	路面材料	3635
17	抗裂贴	m²	路面材料	3635
18	改性乳化沥青	kg	沥青	1331
19	路平石	m	路面石构件	3607
20	路缘石	m	路面石构件	3607
21	透水砖	m²	路面砖	3605
22	花岗石板	m²	石料	0411
23	土工布	m²	化纤及其制品	0231
24	土工格栅	m²	土工格栅	3603
25	预拌砂浆	t	水泥砂浆，石灰砂浆，混合砂浆，特种砂浆，其他砂浆	8001，8003，8005，8007，8009
26	锯材	m³	锯材	0503
27	水泥稳定碎石	m³	石子	0405
28	石子	m³	石子	0405
29	砂	m³	砂	0403

序号	材料名称	单位	归属材料分类	分类编码
30	砖	千皮	砌砖	0413
31	面砖	m²	陶瓷内墙砖，陶瓷外墙砖	0701，0703
32	预制混凝土 U 形槽	m	水泥及混凝土预制品	0427
33	盖板（沟槽）	m³	道路管井、沟、槽等构件	3601
34	箅子	套	道路管井、沟、槽等构件	3601
35	井盖井座	套	道路管井、沟、槽等构件	3601
36	槽式预埋件	m	道路管井、沟、槽等构件	3601
37	热熔标线涂料	kg	路面材料	3635
38	防水涂料	kg	防水涂料	1306
39	防水卷材	m²	防水卷材	1333
40	给水管	m	管材	17
41	排水管	m	管材	17
42	管件	个	管件及管道用器材	18
43	阀门	个	阀门	19
44	水表	个（组）	水表	2401
45	消火栓	个	消火栓	2303
46	消防水泵接合器	个	消防水泵接合器	2305
47	电线、电缆	m	电线电缆及光纤光缆	28
48	箱式变电站	台	箱式变电站（预装式变电站）	5507
49	双挑灯	套	庭院、广场、道路、景观灯	2533
50	高杆灯	套	庭院、广场、道路、景观灯	2533

J.0.16 园林绿化工程主要材料消耗量指标的描述应符合表 J.0.16 的规定。

表 J.0.16 园林绿化工程主要材料消耗量指标

序号	材料名称	单位	归属材料分类	分类编码
1	圆钢	t	圆钢	0109
2	钢筋	t	钢筋	0101
3	钢绞线	t	钢绞线、钢丝束	0107
4	型钢	t	H 型钢，Z 型钢，其他型钢	0123，0125，0127
5	扁钢	m	扁钢	0113
6	水泥	kg	水泥	0401
7	商品混凝土	m³	普通混凝土	8021
8	抗渗商品混凝土	m³	特种混凝土	8027
9	透水混凝土	m³	特种混凝土	8027
10	预拌砂浆	t	水泥砂浆，石灰砂浆，混合砂浆，特种砂浆，其他砂浆	8001，8003，8005，8007，8009
11	锯材	m³	锯材	0503
12	石子	m³	石子	0405
13	砂	m³	砂	0403
14	种植土	m³	种植土	3227
15	渗井	座		
16	穿孔管	m	管材	17
17	土工布	m²	化纤及其制品	0231
18	防水卷材	m²	防水卷材	1333

序号	材料名称	单位	归属材料分类	分类编码
19	乔木(胸径≤5 cm)	株	乔木	3201
20	乔木(5 cm＜胸径≤10 cm)	株	乔木	3201
21	乔木(胸径＞10 cm)	株	乔木	3201
22	灌木	株	灌木	3203
23	散生竹类	株	观赏竹类	3211
24	丛生竹类	丛	观赏竹类	3211
25	棕榈类（裸根）	株	棕榈科植物	3209
26	棕榈类（带土球）	株	棕榈科植物	3209
27	单排绿篱（高度≤80 cm）	m	灌木，藤本植物	3203，3205
28	单排绿篱（80 cm＜高度≤200 cm）	m	灌木，藤本植物	3203，3205
29	单排绿篱（高度＞200 cm）	m	灌木，藤本植物	3203，3205
30	成片绿篱	m²	灌木，藤本植物	3203，3205
31	攀缘植物	株	藤本植物	3205
32	花卉（草本类）	m²/株	花卉	3213
33	花卉（木本类）	m²/株	花卉	3213
34	花卉（球块根类）	m²/株	花卉	3213
35	水生植物	株	水生植物	3215
36	草皮	m²	地被植物	3207
37	植草(灌木)籽	m²	地被植物	3207
38	透水砖	m²	路面砖	3605
39	路平石	m	路面石构件	3607

序号	材料名称	单位	归属材料分类	分类编码
40	路缘石	m	路面石构件	3607
41	预制构件	m³		
42	成品桌椅	个		
43	雕塑	套		
44	栏杆	m		
45	喷灌管道	m	管材	17
46	喷泉管道	m	管材	17

J.0.17 构筑物工程主要材料消耗量指标的描述应符合表 J.0.17 的规定。

表 J.0.17 构筑物工程主要材料消耗量指标

序号	材料名称	单位	归属材料分类	分类编码
1	圆钢	t	圆钢	0109
2	钢筋	t	钢筋	0101
3	钢绞线	t	钢绞线、钢丝束	0107
4	型钢	t	H 型钢、Z 型钢，其他型钢	0123，0125，0127
5	扁钢	m	扁钢	0113
6	水泥	kg	水泥	0401
7	商品混凝土	m³	普通混凝土	8021
8	抗渗商品混凝土	m³	特种混凝土	8027
9	预制混凝土构件	m³		

序号	材料名称	单位	归属材料分类	分类编码
10	预拌砂浆	t	水泥砂浆，石灰砂浆，混合砂浆，特种砂浆，其他砂浆	8001，8003，8005，8007，8009
11	金属构件	t		
12	锯材	m³	锯材	0503
13	石子	m³	石子	0405
14	砂	m³	砂	0403
15	砖	千皮	砌砖	0413
16	条石	m³	装饰石材及石材制品	08
17	石灰膏	m³	灰浆、水泥浆	8011
18	保温材料	m²	墙面、天棚及屋面材料，绝热（保温）、耐火材料	09，15
19	防腐材料	m²	功能性涂料	1305

J.0.18 城市轨道交通工程主要材料消耗量指标的描述应符合表 J.0.18 的规定。

表 J.0.18　城市轨道交通工程主要材料消耗量指标

序号	材料名称	单位	归属材料分类	分类编码
1	圆钢	t	圆钢	0109
2	钢筋	t	钢筋	0101
3	钢绞线	t	钢绞线、钢丝束	0107
4	型钢	t	H型钢，Z型钢，其他型钢	0123，0125，0127
5	扁钢	m	扁钢	0113

序号	材料名称	单位	归属材料分类	分类编码
6	水泥	kg	水泥	0401
7	商品混凝土	m^3	普通混凝土	8021
8	抗渗商品混凝土	m^3	特种混凝土	8027
9	预制管廊	m^3	钢筋混凝土预制件	0429
10	预拌砂浆	t	水泥砂浆，石灰砂浆，混合砂浆，特种砂浆，其他砂浆	8001，8003，8005，8007，8009
11	锯材	m^3	锯材	0503
12	石子	m^3	石子	0405
13	砂	m^3	砂	0403
14	砖	千皮	砌砖	0413
15	条石	m^3	装饰石材及石材制品	08
16	石灰膏	m^3	灰浆、水泥浆	8011
17	防水卷材	m^2	防水卷材	1333
18	防水涂料	kg	防水涂料	1306
19	保温材料	m^3	墙面、天棚及屋面材料，绝热（保温）、耐火材料	09，15
20	60 kg/m 钢轨	根	钢轨	3701
21	50 kg/m 钢轨	根	钢轨	3701
22	60 kg/m 钢轨 9#道岔	组	钢轨	3701
23	60 kg/m 钢轨 9#交叉渡线	组	钢轨	3701
24	50 kg/m 钢轨 7#道岔	组	钢轨	3701
25	50 kg/m 钢轨 7#交叉渡线	组	钢轨	3701

序号	材料名称	单位	归属材料分类	分类编码
26	特殊减振段	km		
27	橡胶嵌条	m	轨道用辅助材料	3709
28	扣件	对	轨道用辅助材料	3709
29	轨枕	对	轨枕（岔枕）	3705
30	岔枕	组	轨枕（岔枕）	3705
31	道岔	m³	轨枕（岔枕）	3705
32	道岔钢轨支撑架	组	轨道用辅助材料	3709
33	轨距杆	根	轨道用辅助材料	3709
34	防爬器	个	轨道用辅助材料	3709
35	道砟	m³	石子	0405
36	门	m²/樘	门窗及楼梯制品	11
37	窗	m²/樘	门窗及楼梯制品	11
38	特种门	樘	特种门	1123
39	特种窗	樘	特种窗	1124
40	瓷砖	m²	陶瓷内墙砖、陶瓷外墙砖、陶瓷地砖	0701、0703、0705
41	模板	m²	模板	3501
42	脚手架	m²	脚手架及其配件	3503
43	管道	m	管材	17
44	光缆	m	光纤光缆	2825
45	标志牌、标桩	根	交通（安全）标志	3621
46	信号线缆	m	信号电缆	2827
47	光纤连接盘	块	广播线路、移动通信器材	3009

序号	材料名称	单位	归属材料分类	分类编码
48	托架、吊架	套	信号线路连接附件	3723
49	机柜、机架	架	电气柜类	5505
50	传输设备	套	安防及建筑智能化设备	57
51	网管设备	套	安防及建筑智能化设备	57
52	同步数字网络设备	台	安防及建筑智能化设备	57
53	光缆检测设备	站	安防及建筑智能化设备	57
54	控制设备	处	安防及建筑智能化设备	57
55	摄像设备	台	安防及建筑智能化设备	57
56	监视器（屏、墙）	台/m^2	安防及建筑智能化设备	57
57	视频控制设备	台	安防及建筑智能化设备	57
58	室外设备	套	安防及建筑智能化设备	57
59	室内设备	台	安防及建筑智能化设备	57
60	车载设备	套/车组	安防及建筑智能化设备	57
61	铁塔	处	电杆、塔	2919
62	变压器（变电所）	台	变压器	5543
63	配电柜、箱	台	配电箱	5509
64	再生制动设备	台	轨道交通专用设备	58
65	钢轨电位限制装置	台	轨道交通专用设备	58
66	支柱、门形架、硬横梁	根	接触网零配件	3733
67	接触网设备	条公里	轨道交通专用设备	58
68	接触轨	m	接触网零配件	3733
69	接触轨设备	台	轨道交通专用设备	58

序号	材料名称	单位	归属材料分类	分类编码
70	接触轨防护板	m	接触网零配件	3733
71	排流柜	台	电气柜类	5505
72	车站灯具、隧道、高架灯	套	庭院、广场、道路、景观灯	2533
73	电线、电缆	m	电线电缆及光纤光缆	28
74	桥架	m	桥架	2901
75	支架、吊架	个	管道支架、吊架	1827
76	配管	m	管材	17
77	接地体	根	其他线路敷设材料	2927
78	感应板	m	其他智能化设备	5745

J. 0. 19 房屋建筑维修与加固工程主要材料消耗量指标的描述应符合表 J.0.19 的规定。

表 J.0.19 房屋建筑维修与加固工程主要材料消耗量指标

序号	材料名称	单位	归属材料分类	分类编码
1	圆钢	t	圆钢	0109
2	钢筋	t	钢筋	0101
3	钢绞线	t	钢绞线、钢丝束	0107
4	型钢	t	H 型钢，Z 型钢，其他型钢	0123，0125，0127
5	扁钢	m	扁钢	0113
6	水泥	kg	水泥	0401
7	商品混凝土	m^3	普通混凝土	8021

序号	材料名称	单位	归属材料分类	分类编码
8	抗渗商品混凝土	m³	特种混凝土	8027
9	预拌砂浆	t	水泥砂浆，石灰砂浆，混合砂浆，特种砂浆，其他砂浆	8001，8003，8005，8007，8009
10	锯材	m³	锯材	0503
11	石子	m³	石子	0405
12	砂	m³	砂	0403
13	砖	千皮	砌砖	0413
14	条石	m³	装饰石材及石材制品	08
15	石灰膏	m³	灰浆、水泥浆	8011
16	膨胀珍珠岩	m³	墙面、天棚及屋面材料，绝热（保温）、耐火材料	09，15
17	防水卷材	m²	防水卷材	1333
18	保温材料	m³	墙面、天棚及屋面材料，绝热（保温）、耐火材料	09，15
19	遮阳材料	m²		
20	天然石板	m²	石料	0411
21	人造石板	m²	人造石板材	0811
22	地砖	m²	陶瓷地砖，石塑地砖，塑料地砖	0705，0709，0711
23	面砖	m²	陶瓷内墙砖，陶瓷外墙砖	0701，0703
24	铝材	kg	铝板（带）材	0143
25	铝塑板	m²	铝塑复合板	0913
26	吊顶天棚	m²	墙面、天棚及屋面材料	09

序号	材料名称	单位	归属材料分类	分类编码
27	门	m²	门窗及楼梯制品	11
28	窗	m²	门窗及楼梯制品	11
29	特种门	樘	特种门	1123
30	特种窗	樘	特种窗	1124
31	原木	m³	原木	0501
32	涂料、油漆	kg	通用涂料，建筑涂料，功能性涂料，防水涂料，木器涂料，金属涂料，其他防腐防水材料	1301，1303，1305，1306，1307，1309

J. 0. 20 爆破工程主要材料消耗量指标的描述应符合表 J.0.20 的规定。

表 J.0.20　爆破工程主要材料消耗量指标

序号	材料名称	单位	归属材料分类	分类编码
1	炸药	m³	火工材料	3405
2	导线	kg	火工材料	3405
3	雷管	m	火工材料	3405
4	钻头	个	电动工具	3517

J. 0. 21 城市地下综合管廊工程主要材料消耗量指标的描述应符合表 J.0.21 的规定。

表 J.0.21　城市地下综合管廊工程主要材料消耗量指标

序号	材料名称	单位	归属材料分类	分类编码
1	圆钢	t	圆钢	0109
2	钢筋	t	钢筋	0101
3	钢绞线	t	钢绞线、钢丝束	0107
4	型钢	t	H 型钢，Z 型钢，其他型钢	0123，0125，0127
5	扁钢	m	扁钢	0113
6	水泥	kg	水泥	0401
7	商品混凝土	m³	普通混凝土	8021
8	水下商品混凝土	m³	特种混凝土	8027
9	抗渗商品混凝土	m³	特种混凝土	8027
10	预制管廊	m³	钢筋混凝土预制件	0429
11	预拌砂浆	t	水泥砂浆，石灰砂浆，混合砂浆，特种砂浆，其他砂浆	8001，8003，8005，8007，8009
12	锯材	m³	锯材	0503
13	石子	m³	石子	0405
14	砂	m³	砂	0403
15	砖	千皮	砌砖	0413
16	条石	m³	装饰石材及石材制品	08
17	石灰膏	m³	灰浆、水泥浆	8011
18	防水卷材	m²	防水卷材	1333
19	保温材料	m³	墙面、天棚及屋面材料，绝热（保温）、耐火材料	09，15

序号	材料名称	单位	归属材料分类	分类编码
20	门	m²	门窗及楼梯制品	11
21	窗	m²	门窗及楼梯制品	11
22	特种门	樘	特种门	1123
23	特种窗	樘	特种窗	1124
24	涂料、油漆	kg	通用涂料，建筑涂料，功能性涂料，防水涂料，木器涂料，金属涂料，其他防腐防水材料	1301，1303，1305，1306，1307，1309
25	钢管	kg	管材	17
26	给水管	m	管材	17
27	排水管	m	管材	17
28	阀门	个	阀门	19
29	消火栓	套	消火栓	2303
30	风管	m²	风管、风道	2245
31	轴流风机	台	风机盘管	2240
32	电气配管	m	绝缘管	2721
33	电线、电缆	m	电线电缆及光纤光缆	28
34	开关、插座	个	开关、插座	26
35	接线盒	个	接线盒(箱)	2911
36	灯具	套	灯具、光源	25
37	电表	个	电度表	2404
38	控制箱、配电箱(柜)	台	配电箱	5509

J. 0. 22 海绵城市建设工程主要材料消耗量指标的描述应符合表 J.0.22 的规定。

表 J.0.22 海绵城市建设工程主要材料消耗量指标

序号	材料名称	单位	归属材料分类	分类编码
1	圆钢	t	圆钢	0109
2	钢筋	t	钢筋	0101
3	钢绞线	t	钢绞线、钢丝束	0107
4	型钢	t	H型钢，Z型钢，其他型钢	0123，0125，0127
5	扁钢	m	扁钢	0113
6	水泥	kg	水泥	0401
7	商品混凝土	m^3	普通混凝土	8021
8	透水混凝土	m^3	特种混凝土	8027
9	预拌砂浆	t	水泥砂浆，石灰砂浆，混合砂浆，特种砂浆，其他砂浆	8001，8003，8005，8007，8009
10	锯材	m^3	锯材	0503
11	石子	m^3	石子	0405
12	砂	m^3	砂	0403
13	透水砖	m^2	路面砖	3605
14	草皮	m^2	地被植物	3207
15	挺水植物	m^2	水生植物	3215
16	浮水植物	m^2	水生植物	3215
17	种植土	m^3	种植土	3227
18	渗井	座		
19	穿孔管	m	管材	17
20	土工布	m^2	化纤及其制品	0231
21	防水卷材	m^2	防水卷材	1333

序号	材料名称	单位	归属材料分类	分类编码
22	安全分流井	座		
23	雨水提升泵	台		
24	混凝加药装置	套		
25	管道混合器	个		
26	回用水成套变频给水设备	套		

附录 K 建设工程材料分类及特征描述

表 K 建设工程材料分类及特征描述表

编码	类别名称	特征	单位	说明
01	**黑色及有色金属**			
0101	钢筋	1 品种 2 直径 3 级别 4 轧机方式 5 牌号		包含热轧圆盘条、螺纹钢筋、冷轧带肋钢筋、高强钢筋等
0103	钢丝	1 品种 2 规格		包含碳素钢丝、合金钢丝、冷拔低碳钢丝等
0105	钢丝绳	3 抗拉强度 4 材质		包含光面钢丝绳、镀锌钢丝绳、不锈钢钢丝绳等
0107	钢绞线、钢丝束	1 品种 2 规格 3 直径 4 抗拉强度		包含预应力钢绞线、镀锌钢绞线以及用于架空电力线路的地线和导线及电气化线路承力索用铝包钢绞线
0109	圆钢		t	包含热轧圆钢、锻制圆钢、冷拉圆钢、热轧镀锌圆钢、冷轧镀锌圆钢等
0111	方钢	1 品种 2 规格 3 牌号 4 材质		包含热轧方钢、冷拔方钢、热轧镀锌方钢等
0113	扁钢			包含热轧扁钢、冷拔扁钢、镀锌扁钢等
0115	六角钢			包含热轧六角钢、热轧空心六角钢、冷拔六角钢
0116	八角钢			包含热轧八角钢、热轧空心八角钢、冷拔八角钢
0117	工字钢			包含热轧工字钢、热轧轻型工字钢

编码	类别名称	特征	单位	说明
0119	槽钢			包含热轧轻型槽钢、热轧普通槽钢、冷弯内卷边槽钢、冷弯外卷边槽钢
0121	角钢	1 品种 2 规格 3 牌号 4 材质		包含热轧等边角钢、热轧不等边角钢、冷弯等边角钢、冷弯不等边角钢
0123	H 型钢			包含 HW 宽翼缘 H 型钢、HN 窄翼缘 H 型钢、HM 中翼缘 H 型钢钢桩
0125	Z 型钢			包含冷弯 Z 型钢、冷弯卷边 Z 型钢、热轧 Z 型钢
0127	其他型钢		t	包含 L 型钢、C 型钢等
0129	钢板	1 品种 2 厚度 3 牌号 4 材质		包含热轧薄钢板、热轧中厚钢板、热轧厚钢板、镀锌薄钢板、冷轧薄钢板、花纹钢板、彩涂钢板等
0131	钢带			包含热轧钢带、冷轧钢带、热轧镀锌钢带、冷轧镀锌钢带等
0133	硅钢片			包含热轧硅钢片、冷轧无取向硅钢片等
0135	铜板			包含紫铜板、黄铜板、青铜板等
0137	铜带材			包含紫铜带、黄铜带、锡铜带等
0139	铜棒材	1 品种 2 规格 3 牌号		包含紫铜棒、黄铜棒、锡铜棒等
0141	铜线材		kg	包含纯铜线、黄铜线、锡黄铜线等
0143	铝板（带）材			包含冷轧铝板材、冷轧铝带材、热轧铝板材、热轧铝带材等
0145	铝棒材			包含铝挤压圆棒、铝挤压正方形棒材等

编码	类别名称	特征	单位	说明
0147	铝线材	1 品种 2 规格 3 牌号		包含铝绑线及锚钉用铝线材、焊条用铝线材等
0149				包含等边角铝、不等边角铝、丁字铝型材等
0151	铝合金建筑型材	1 品种 2 规格 3 颜色 4 表面处理 5 型号	t	包含门窗用铝合金型材、幕墙用铝合金型材、通用性铝合金型材等
0153	铅材			包含青铅、封铅、铅板、铅丝等
0155	钛材	1 品种 2 规格 3 牌号		包含钛金属、钛合金板、钛锌板等
0157	镍材			包含1#镍、镍合金板
0159	锌材		kg	包含0#锌、1#锌、锌板
0161	其他金属材料			包含白银、锡、锡锭等
0163	金属原材料	1 品种 2 规格		包含铸钢、工具钢、弹簧钢等
02	橡胶、塑料及非金属			
0201	橡胶板	1 材质 2 规格 3 性能	kg/m²	包括普通橡胶板,耐油、耐热、防滑、阻燃、石棉橡胶板等
0203	橡胶条、带	1 材质 2 截面形状 3 用途 4 规格	m	包含硅橡胶海绵条、硅胶密封条、氯丁橡胶条、氟橡胶条、丁腈胶条等
0205	橡胶圈		个	包含硅胶密封圈、氟胶密封圈、缓冲橡胶圈、丁腈耐油密封圈等
0207	其他橡胶材料	1 品种 2 材质 3 规格	个/套	包含橡胶棒,橡胶垫等
0209	塑料薄膜/布	1 材质 2 用途 3 规格	m²	包含塑料薄膜、电工用绝缘薄膜、塑料布

编码	类别名称	特征	单位	说明
0211	塑料板	1 材质 2 表面形状 3 规格	m²	包含 PE，PVC，ABS 等塑料板
0213	塑料带	1 材质 2 截面形状 3 规格	kg/m	包含槽形带、圆形带、方形带、扁形带等
0215	塑料棒	1 材质 2 规格	kg	包含聚乙烯棒、聚苯乙烯棒、塑料焊条等
0217	有机玻璃		m²	包含有机玻璃板、有机玻璃片、有机玻璃管等
0219	其他塑料材料		m²/kg	包括塑料绳，塑料垫，塑料圈，塑料袋等
0221	橡塑复合材料		m²/kg	橡胶和塑料的复合板材、带材及初级制品等
0223	石墨碳素制品		kg	包括粉、块、棒、绳、线等
0225	玻璃钢及其制品	1 品种 2 规格	m²	包括玻璃钢板、玻璃钢纤维布、玻璃钢带等
0227	棉毛及其制品		kg	包含布、毡、绳、带、棉纱头等
0229	丝麻及其制品		kg	包含绳、布、毡、袋等
0231	化纤及其制品		kg	包含绳、布、毡、绒、聚酯纤维（涤纶）等
0233	草制品		kg	包含草绳、草垫、草席等
0235	其他非金属材料		kg	包含皮革、真皮原材料及制品
03	**五金制品**			
0301	结构五金	1 品种 2 规格 3 材质	kg/个/箱/套/件	包含铆钉、螺钉、螺母、螺栓、垫圈等紧固件材料
0303	门窗、幕墙五金		个/套	包含门锁、门碰、执手、合页、闭门器等门窗五金及驳接件、吊挂件等幕墙用五金
0305	家具五金			包含铰链、拉手、抽屉锁、滑轨等家具用五金

编码	类别名称	特征	单位	说明
0307	水暖及卫浴五金	1 品种 2 规格 3 材质	个/套	包含水嘴（水龙头）、淋浴器、排水栓、地漏等材料
0313	低值易耗品		t/kg/个	包含磨具、焊条、焊剂、焊粉等易耗品材料
0321	五金配件	1 品种 2 规格	kg/个/套	包含铁件、铁网、小五金等材料
0323	钢筋接头、锚具及钢筋保护帽	1 品种 2 规格 3 钢筋根数	个/套	包含螺纹锚具、镦头锚具、锥销式锚具、夹片式锚具等
04	水泥、砖瓦灰砂石及混凝土制品			
0401	水泥	1 品种 2 强度等级 3 包装形式	t	包含硅酸盐水泥P·Ⅱ、普通硅酸盐水泥P·O、复合普通硅酸盐水泥P·C及专用、特种水泥等
0403	砂	1 品种 2 产源	m³	包含粗砂、中砂、细砂、特细砂、石英砂、金刚砂、重晶砂、硅砂、机制砂、机制碎石等
0405	石子	1 品种 2 粒径	m³	包含碎石、卵石、豆石、白石子、米石、连砂石、机制碎石等
0407	轻骨料	1 品种 2 堆积密度	m³	包含页岩陶粒、黏土陶粒、炉渣、碎砖、煤矸石、石屑、石粉、炉（矿）渣等
0409	灰、粉、土等掺合填充料	1 品种	m³	包含各种灰、土、粉等掺合材料
0411	石料	1 品种 2 规格	m³	包含毛石、料石、石板、荒料、条石等
0413	砌砖	1 品种 2 规格 3 强度等级	千块	包含烧结黏土砖、烧结粉煤灰砖、烧结页岩砖、页岩多孔砖、灰砂砖等小型砌块
0415	砌块		m³	包含蒸压加气混凝土砌块、蒸压粉煤空心灰砌块、普通混凝土空心砌块、陶粒混凝土空心砌块等

编码	类别名称	特征		单位	说明
0417	瓦	1 品种 2 规格		块/m²	包含陶土瓦、水泥瓦、塑料瓦、玻璃钢瓦、镀锌铁皮瓦等
0427	水泥及混凝土预制品			块/m³	包含预制板、桩、柱、砖等
0429	钢筋混凝土预制件	1 品种 2 规格 3 强度等级		块/m³	包含预制钢筋混凝土过梁、长梁、进深梁、基础梁（先张、后张预应力）空心板、槽形板等
05	木、竹基层材料及其制品				
0501	原木	1 品种 2 树种 3 径级		m³	包含针叶材与阔叶材两大类
0503	锯材	1 品种 2 树种 3 规格 4 木材处理方式			包含砧材、枋材、板材等经加工成型的木材
0505	胶合板			m²	包含基层胶合板、饰面胶合板
0507	纤维板	1 品种 2 规格 3 性能 4 树种			包含高密度纤维板（又称硬质纤维板）、中密度纤维板（又称半硬质纤维板）、软质纤维板（又称轻质纤维板）
0509	细木工板	1 品种 2 树种 3 规格		m²	也称大芯板，包含三层细木工板、五层细木工板、多层细木工板
0511	空心木板	1 品种 2 规格			
0513	刨花板	1 品种 2 规格 3 性能			包括实心、空心刨花板
0515	其他人造木板				包含甘蔗板、木丝板、防火板等
0521	木制容器类	1 品种 2 规格		件	包含通用的箱、柜等
0523	木制台类及货架			个	包含柜台、操作台、各类货架等

256

编码	类别名称	特征	单位	说明
0525	其他木制品			包含软木制品
0531	竹材	1 品种 2 规格	株/丛	包含天然竹原材料
0533	竹板		m²	包含天然和人造竹板等
0535	竹制品		个	包含工程上用到的消耗性材料，如竹篾、竹席等
06	**玻璃及玻璃制品**			
0601	浮法玻璃	1 用途 2 规格 3 形态	m²	包含建筑用、汽车用、制镜用浮法玻璃
0603	有色玻璃	1 品种 2 规格 3 颜色 4 形态	m²	包含透明和不透明两种
0605	钢化玻璃	1 品种 2 规格 3 性能	m²	包含平面型钢化玻璃、曲面型钢化玻璃
0607	夹丝玻璃	1 品种 2 规格 3 防火等级 4 形态	m²	又称防碎玻璃、钢丝玻璃
0609	夹层玻璃	1 品种 2 规格 3 颜色 4 膜层性能	m²	包含普通夹层、钢化夹层、镀膜夹层等
0611	中空玻璃		m²	包含钢化中空、钢化镀膜中空等
0621	镀膜玻璃		m²	包含镀膜吸热玻璃、镀膜热反射玻璃、镀膜节能玻璃等
0625	工艺装饰玻璃	1 品种 2 规格 3 颜色 4 图案形式	m²	包括彩绘玻璃、压花玻璃、雕刻玻璃、喷砂玻璃、幻影玻璃等

编码	类别名称	特征	单位	说明
0641	激光玻璃		m²	包含单层激光玻璃和夹层激光玻璃
0643	特种玻璃	1 品种 2 规格	m²	包括热弯玻璃、热熔玻璃、冰花玻璃、防弹玻璃等
0645	其他玻璃		m²	
0651	玻璃砖		m²	包含普通玻璃砖、钢化玻璃砖、空心玻璃砖、热熔玻璃砖等
0653	玻璃马赛克	1 品种 2 规格 3 颜色	m²	又叫玻璃锦砖，包含熔融玻璃马赛克、烧结玻璃马赛克、金星玻璃马赛克
0655	玻璃镜	1 品种 2 规格 3 镀层	m²	包含玻璃镜原片、工艺镜等
0657	玻璃制品	1 品种 2 规格	m²	包含玻璃棒、玻璃夹子
0659	防爆膜	1 品种 2 规格 3 隔热率	m²	
07	**墙砖、地砖、地板、地毯类材料**			
0701	陶瓷内墙砖	1 品种 2 规格 3 厚度 4 颜色或表面效果色	m²	包含釉面内墙砖、瓷质内墙砖、异型砖以及配套装饰花砖
0703	陶瓷外墙砖			包含釉面、通体、玻化、玻化抛光外墙砖等
0705	陶瓷地砖			包含釉面砖、通体砖、抛光砖、通体抛光砖、劈离砖等
0707	马赛克	1 品种 2 规格		又叫陶瓷锦砖，包含釉面锦砖、瓷质锦砖
0709	石塑地砖	1 品种 2 规格 3 耐磨厚度		包含石塑防滑地砖、普通石塑地砖
0711	塑料地砖	1 品种 2 规格		包含聚氯乙烯卷材地砖、聚氯乙烯地砖、复合聚氯乙烯地砖等

编码	类别名称	特征	单位	说明
0713	实木地板	1 品种 2 规格 3 树种		包含条木地板、拼木地板
0715	软木地板	1 品种 2 规格 3 材质		包含软木地板(软木砖)等
0717	竹地板			包含竹地板、本色竹木地板、炭化竹木地板等
0719	塑料地板	1 品种 2 规格		包含 PVC 防静电塑料地板、CLPE 塑料地板、PP 塑料地板等
0721	橡胶地板		m²	包含橡胶地板等
0723	复合地板			又称叠压地板或强化复合地板
0725	活动、防静电地板	1 品种 2 规格 3 整体高度 4 饰面层 5 复合板基层材料		又称装配式地板，包含全钢防静电活动地板、陶瓷防静电地板、OA 智能化网络地板、防静电通风地板、PVC 地板、无边地板、高强度木基地板、硫酸钙防静电地板、全铝地板等
0727	亚麻环保地板	1 品种 2 规格		
0729	地毯	1 品种 2 规格 3 花色	m²/张	包含纯毛地毯、混纺地毯、合成纤维地毯等
0731	挂毯、门毡			
0733	其他地板	1 品种 2 规格	m²	
0735	塑胶地板	1 品种 2 规格 3 结构形式	m²	包含木塑（WPC）地板、豪华乙烯基（LVT）地板、石塑（SPC/RVP）地板等

编码	类别名称	特征	单位	说明
08	装饰石材及石材制品			包含天然石材和人造石材、石材制品
0801	大理石			
0803	花岗石			
0805	青石（石灰石）	1 品名 2 规格		
0806	砂岩			
0807	文化石		m²	包含大理石文化石、花岗岩文化石
0809	麻石			
0811	人造石板材	1 品种 2 品名 3 规格		包含人造大理石、花岗岩、水磨石等
0813	微晶石			
0815	水磨石板	1 品种 2 规格		
0817	石材加工制品		m²/件	包含汉白玉圆桌、圆凳、石墩、栏杆、腰线石、挑檐石几石材装饰线材等
0819	石材艺术制品	1 品种 2 造型 3 规格	m²/件	包含动物、人像、花卉等艺术造型石材制品
09	墙面、天棚及屋面饰面材料			包含墙面、天棚、屋面饰面材料及墙体保温（绝热）板等
0901	石膏装饰板	1 品种 2 规格 3 性能		包含纸面石膏板、石膏空心条板、石膏纤维板、石膏刨花板
0903	竹木装饰板			包含木质装饰板、竹贴墙板等
0905	金属装饰板	1 品种 2 规格 3 表面处理	m²	包含铝合金、彩钢、不锈钢等墙体及天棚装饰板材
0907	矿物棉装饰板	1 品种 2 规格 3 防潮等级		包含矿物棉装饰吸声板、矿棉装饰板、岩棉装饰板、玻璃棉装饰板

编码	类别名称	特征	单位	说明
0909	塑料装饰板	1 品种 2 规格 3 性能		包含塑料装饰扣板、塑料天花板、泡沫塑料装饰吸声板、阳光板(以聚碳酸酯为原料，等
0911	复合装饰板	1 品种 2 规格 3 表面处理		
0913	铝塑复合板			包含铝塑板、钙塑板、金属岩棉夹芯板等品种
0915	纤维水泥装饰板	1 品种 2 规格 3 表面处理 4 性能		包含纤维水泥板、埃特板等
0917	珍珠岩装饰板		m²	包含珍珠岩穿孔装饰吸声板、珍珠岩装饰吸声板
0919	硅酸钙装饰板	1 品种 2 规格 3 性能 4 密度		包含无石棉硅酸钙板等
0923	其他装饰板	1 品种 2 规格 3 性能		包含陶板、玻镁平板、菱镁平板、稻草板等
0925	轻质复合墙板、屋面板			包含蒸压加气混凝土板、陶粒玻璃纤维空心轻质墙板、水泥发泡保温板等
0927	网格布/带	1 品种 2 网眼规格		
0929	壁画			
0931	壁纸	1 材质 2 规格	m²/张/卷	
0933	壁布			
0935	箔制品		m²	
0937	格栅、格片/挂片	1 品种 2 材质 3 规格 4 表面处理	m²/套	包含铝合金、不锈钢等材质的不同的格栅、格片

编码	类别名称	特征	单位	说明
0939	隔断及筒形天棚	1 品种 2 材质 3 规格 4 隔断墙材质 5 玻璃材质	m²	包含不同材质的成品隔断及筒形天棚
0940	保温隔热板	1 品种 2 材质 3 规格	m²	包含模塑聚苯板（EPS 板）、挤塑聚苯板（XPS 板）、石墨聚苯板（SEPS 板）、聚氨酯板、硬质发泡聚氨酯板、膨胀玻化微珠板、膨胀珍珠岩板、泡沫玻璃板、岩棉板、玻璃棉等
0941	保温装饰板	1 品种 2 规格 3 保温板材质 4 饰面材质	m²	包含保温装饰一体板等
10	**龙骨、龙骨配件**			
1001	轻钢龙骨	1 品种 2 规格 3 长度 4 型号 5 表面处理	m/根	包含墙体龙骨和吊顶龙骨
1003	铝合金龙骨	1 品种 2 规格 3 长度		包含墙体龙骨和吊顶龙骨
1005	木龙骨	1 品种 2 规格	m/根	包含吊顶龙骨、竖墙龙骨、铺地龙骨以及悬挂龙骨等
1007	烤漆龙骨			
1009	石膏龙骨		m/根	
1011	不锈钢龙骨	1 品种 2 规格		
1012	木塑龙骨	1 品种 2 规格	m³	

编码	类别名称	特征	单位	说明
1013	轻钢龙骨配件	1 品种 2 规格 3 长度 4 型号	套/件	包含支撑卡子、卡托、角托、吊件、挂件、连接件等
1015	铝合金龙骨配件			包含支撑卡子、卡托、角托、吊件、挂件、连接件等
1017	其他龙骨配件			包含支撑卡子、卡托、角托、吊件、挂件、连接件等
11	门窗及楼梯制品			
1101	木门窗	1 品种 2 规格 3 结构形式 4 镶面类型 5 树种 6 性能 7 开启方式	m²/樘	包含实木门窗、实木复合门窗
1103	钢门窗	1 品种 2 结构形式 3 玻璃类型 4 防火等级 5 开启方式	m²/樘	包含实腹钢门窗、空腹钢门窗
1105	彩钢门窗	1 品种 2 结构形式 3 玻璃类型 4 防火等级 5 开启方式	m²	
1107	不锈钢门窗	1 品种 2 结构形式 3 防火等级	m²	包含不锈钢普通门窗、不锈钢防火门窗、不锈钢防盗拉闸窗等
1109	铝合金门窗	1 品种 2 结构形式 3 窗扇类型 4 玻璃类型 5 型号 6 表面处理 7 颜色 8 开启方式	m²	包含普通铝合金门窗和断桥铝合金门窗

编码	类别名称	特征	单位	说明
1111	塑钢门窗	1 品种 2 结构形式 3 玻璃类型 4 型号 5 开启方式	m²	
1113	塑料门窗		m²	
1115	玻璃钢门窗	1 品种 2 结构形式 3 玻璃类型 4 型号 5 颜色	m²	
1117	铁艺门窗	1 品种 2 开启方式	m²	
1119	全玻门、自动门	1 品种 2 玻璃类型 3 型号 4 颜色	m²/套	包含旋转门、平移门、折叠门、伸缩门等
1121	纱门、纱窗	1 品种 2 框材质 3 型号	m²	包含隐形平开纱门、隐形推拉纱门、平开纱窗、隐形推拉纱窗等
1123	特种门	1 品种 2 性能 3 开启方式	m²	包含防盗门、保温门、人防密闭门等
1124	特种窗		m²	包含防盗窗、防爆窗等
1125	卷帘	1 品种 2 规格 3 性能 4 材质	m²	包含钢质卷帘门、不锈钢卷帘门、铝合金卷帘门、彩钢卷帘门、无机布防火卷帘等
1127	钢楼梯	1 品种 2 规格 3 踏板材质 4 踏板形式	m/ m²	包含普通楼梯、旋转楼梯
1129	木楼梯	1 品种 2 规格 3 踏板材质 4 踏板形式		

编码	类别名称	特征	单位	说明
1131	铁艺楼梯	1 品种 2 规格 3 踏板材质 4 踏板形式	m/m²	
12	装饰线条、装饰件、栏杆、扶手及其他			
1201	木质装饰线条	1 品种 2 树种 3 规格		包含平线、踢脚线、平弧线、压边线等
1203	金属装饰线条	1 品种 2 规格 3 材质		包含踢脚线、压条、挂镜线等
1205	石材装饰线条			包含石材挂贴装饰线、踢脚线、石材角线等
1207	石膏装饰线条	1 品种 2 规格	m	包含角线、平线、花角、灯圈等
1209	塑料装饰线条	1 品种 2 规格 3 材质		包含角线、封边线、角线等
1211	复合材料装饰线条			
1213	玻璃钢装饰线条、装饰件	1 品种 2 规格		包含平线、角线、弧线、花椒等
1215	轻质水泥纤维装饰线条		m	
1217	其他装饰线条			
1221	栏杆、栏板	1 品种 2 规格 3 材质 4 形状	m²	包含楼梯栏杆、平面栏杆、栏杆塑挡、楼梯装饰板、栏杆花架等
1223	扶手	1 品种 2 规格 3 线条类型	m/个/套	包含不锈钢扶手、黄铜扶手、石材扶手、木扶手等
1235	艺术装饰制品	1 品种 2 规格	个/套	包含花角、柱头、罗马柱、灯圈等
1237	旗杆		个/根	包含不锈钢旗杆、焊管旗杆、无缝管旗杆等

编码	类别名称	特征	单位	说明
1239	装饰字	1 品种 2 字体面积	个/ m²/cm	包含铜装饰字、不锈钢装饰字、木装饰字等
1241	招牌、灯箱	1 品种 2 规格 3 箱体形状 4 平面材料 5 结构材料	个	包含钢骨架、面层、画面等
1245	其他装饰材料	1 品种 2 规格	m²	
13	**涂料及防腐防水材料**			
1301	通用涂料	1 品种 2 成膜物质 3 成膜光泽度	kg/桶 / m²/L	包含底漆、面漆等
1303	建筑涂料	1 品种 2 成膜物质 3 光泽度 4 合成组分	kg/桶 / m²/L	包含内墙涂料、外墙涂料、地面涂料、顶棚涂料等
1305	功能性涂料	1 品种 2 成膜物质 3 合成组分	kg/桶/ m²/L	包含防火涂料、防锈涂料、防腐涂料、反光涂料、基层处理剂等
1306	防水涂料	1 品种 2 成膜物质 3 基本名称 4 合成组分	kg/桶/ m²/L	包含聚氨酯类涂料、丙烯酸类涂料、聚合物高分子类涂料、水泥灰浆类涂料、聚合物水泥（JS）涂料等
1307	木器涂料	1 品种 2 成膜物质 3 基本名称 4 合成组分 5 光泽度	kg/桶/ m²/L	包含溶剂型木器涂料、水性木器涂料、光固化木器涂料等
1309	金属涂料	1 品种 2 成膜物质	kg/桶/ m²/L	包含氟碳金属漆、银粉漆、铝粉漆等
1311	道路、桥梁涂料	1 品种 2 成膜物质 3 基本名称 4 合成组分	kg/桶/ m²/L	包含马路画线漆

编码	类别名称	特征	单位	说明
1313	工业设备涂料	1 品种 2 成膜物质	kg/桶 / m²/L	包含汽车涂料、船舶涂料等
1315	其他专用涂料	1 品种 2 品名	kg/桶 / m²/L	
1321	耐酸砖、板	1 品种	kg/m³	
1331	沥青	2 规格	kg/t	包含石油沥青、改性沥青等
1333	防水卷材	1 品种 2 厚度 3 幅宽 4 胎基材料 5 覆面材料 6 卷材结构 7 黏结形式	m²/卷	包含沥青防水卷材、改性沥青防水卷材、高聚物改性防水卷材、聚酯胎卷材和合成高分子防水卷材
1335	防水油膏、防水胶		kg/袋 / 支	包含嵌缝膏、密封膏、防潮剂等
1337	止水材料	1 品种 2 规格	m	包含止水带、止水圈、止水环等
1339	其他防腐防水材料		kg	
1341	堵漏、灌浆、补强材料		kg/t	包含固体灌浆材料、化学灌浆材料
14	油品、化工原料及胶黏材料			
1401	油料	1 品种 2 规格	kg/t/桶	包含生桐油、熟桐油、亚麻油、梓油、苏子油等
1403	燃料油	1 品种 2 牌号/辛烷值	L/kg/t/桶	包含汽油、机油、柴油、煤油、重油等
1405	溶剂油、绝缘油	1 品种 2 黏度级别 3 沸程	L/kg/t	
1407	润滑油	1 品种 2 SAE 等级	L/kg/t	包含发动机油、齿轮油、液压油、压缩机油、防锈油、冷冻机油、汽轮机油等

编码	类别名称	特征	单位	说明
1409	润滑脂、蜡	1 品种 2 基础油 3 用途	L/kg/t	包含钙基润滑脂、钠基润滑脂、锂基润滑脂、铝基润滑脂、皂基润滑脂等
1421	树脂	1 品种 2 规格	kg/t/桶	包含酚醛树脂、醇酸树脂、氨基树脂、过氯乙烯树脂、聚酰胺树脂、糠醇树脂等
1423	颜料	1 品种 2 色别	kg	包大红粉、甲苯胺红、镉红、锑红、银末等
1431	无机化工原料	1 品种 2 规格 3 类型	t	包含盐酸、硝酸、硫酸、草酸、冰醋酸、磷酸、硼酸等
1433	有机化工原料		t	包含甲醇、乙醇（酒精）、乙二醇（甘醇）、丁醇、丙三醇（甘油）等
1435	化工剂类	1 品种 2 规格	kg/袋/t	包含催化剂、脱硫剂、清洗剂、着色剂、阻垢剂、稀释剂、固化剂、渗透剂、脱脂剂、显像剂等
1437	化工填料	1 品种 2 规格 3 堆积密度 4 填装方式	m³/kg/t	包含瓷环、触煤、活性炭、木格子、石英石等
1439	工业气体	1 品种 2 规格	kg/瓶	包含氯气、氨气、氢气、乙炔、氧气、氩气等
1441	胶黏剂	1 品种 2 用途	kg/瓶	包含树脂胶粘剂、橡胶类胶黏剂、无机胶黏剂、其他胶黏剂等
1443	胶黏制品	1 品种 2 规格 3 基材	kg/瓶	包含胶布、胶带、单面胶纸、双面胶纸、胶水等

编码	类别名称	特征	单位	说明
15	绝热（保温）、耐火材料			**此类材料不包含墙面及屋面保温绝热板材**
1503	岩棉及其制品		kg/m²	包含岩棉板、岩棉管壳、岩棉素毡、岩棉玻璃布缝毡等
1505	矿渣棉及其制品			包含矿渣棉板、矿渣棉毡、矿渣棉管壳、矿渣棉、沥青矿渣棉毡等
1507	玻璃棉及其制品		kg/m²	包含玻璃棉板、玻璃棉毡、玻璃棉管壳、普通玻璃棉、超细玻璃棉等
1509	膨胀珍珠岩及其制品	1 品种 2 规格 3 密度	m³	包含珍珠岩水泥、沥青珍珠岩块等
1511	膨胀蛭石及其制品		m³	包含水泥膨胀蛭石板、膨胀蛭石、水泥膨胀蛭石、水玻璃膨胀蛭石等
1513	泡沫橡胶（塑料）及其制品		kg/m²	包含聚氯乙烯泡沫塑料管壳、聚苯乙烯泡沫塑料、EPE聚乙烯泡沫、聚氨酯泡沫等
1515	泡沫玻璃及其制品		kg/m²	包含泡沫玻璃板、泡沫玻璃瓦块
1517	复合硅酸盐绝热材料		kg/m²	包含复合硅酸盐软质板、硅酸钙绝热材料、复合硅酸盐毡、复合硅酸盐管壳等
1519	硅藻土及其制品	1 品种 2 规格 3 密度 4 牌号 5 耐火级别	t/m³	包含硅藻土灰、硅藻土生料粉、硅藻土熟料粉等
1521	电伴热带/缆	1 品种 2 管道直径 3 电压等级 4 标称功率 5 结构形式 6 铜芯导线 7 导电塑料层 8 绝缘层 9 护套层	m/根	包含温控伴热电缆、自限温电热带

编码	类别名称	特征	单位	说明
1523	其他绝热材料	1 品种 2 规格 3 密度	m²/kg/卷	包含微孔硅酸钙、铝箔离心玻璃棉板、铝箔离心玻璃管壳、纤维类制品等
1531	黏土质耐火砖	1 品种 2 规格 3 分型 4 牌号 5 耐火度	块/m³	包含黏土质耐火砖、黏土质隔热耐火砖、轻质黏土质耐火砖等
1533	硅质耐火砖		块/m³	包含硅砖、焦炉用硅砖、玻璃窑用硅砖、炼钢平炉炉顶用硅砖等
1535	铝质耐火砖		块/m³	包含高铝砖、高炉用高铝砖、热风炉高铝砖、高铝质隔热耐火砖等
1539	镁质耐火砖			包含镁砖、镁炭砖、电熔镁炭砖、树脂结合镁炭砖等
1541	刚玉砖	1 品种 2 规格 3 分型	块/m³	包含烧结刚玉砖、电熔刚玉砖
1543	其他耐火砖		块/m³	包含白云石砖、碳砖、石墨砖、漂珠砖
1551	耐火泥、砂、石	1 品种 2 规格 3 类型 4 耐火度	m³	包含耐火泥、耐火砂、耐火石
1553	不定形耐火材料		m³	包含黏土质耐火浇注料、高铝质耐火浇注料、刚玉质等
1555	耐火纤维及其制品		m³/kg	包含耐火陶瓷纤维、硅酸铝纤维、普碳钢纤维、不锈钢纤维等
1557	耐火粉、骨料		kg/t	包含高岭土、硅藻土、硅酸钙、氧化铝等
1559	其他耐火材料	1 品种 2 规格	m²	包含阻火圈、高硅布、高硅氧棉、阻火包等
16	**吸声及抗辐射材料**			
1601	木质吸音板	1 品种 2 规格 3 甲醛释放量 4 声学系数	m²	包含槽木吸音板和孔木吸音板
1603	复合吸音板		m²	包括矿棉吸声板、聚酯纤维吸音板、珍珠岩复合吸音板等
1605	隔声棉	1 品种 2 规格	m²	

270

编码	类别名称	特征	单位	说明
1607	空间吸声体	1 材质 2 骨架形状 3 有效吸音量	m²	
1609	表面防护材料	1 材质 2 适用产品 3 防护等级	m²	
1611	无损探伤材料	1 品种 2 规格	m²	包含磁粉、X射线胶片、超声波探头等
1613	防辐射材料	1 品种 2 屏蔽效能	件、个	包含防辐射服、防辐射手套等
17	**管材**			**包含金属管材、非金属管和复合管材三类**
1701	焊接钢管	1 品种 2 材质	m/根/t	包含直缝焊管和螺旋缝焊管
1703	镀锌钢管	3 规格 4 壁厚		包含普通镀锌钢管、加厚镀锌钢管
1705	不锈钢管	1 品种 2 材质 3 外径 4 壁厚 5 焊缝形式	m/根/t	包含不锈钢焊管和不锈钢无缝管
1707	无缝钢管	1 品种 2 材质 3 外径 4 壁厚 5 连接方式 6 镀锌方式		包含碳钢管、合金钢管、钛管等
1709	异型钢管	1 品种 2 材质 3 牌号 4 规格 5 壁厚	m/根/t	包含方形钢管、矩形钢管、六角形钢管等

271

编码	类别名称	特征	单位	说明
1711	铸铁管	1 材质 2 规格 3 壁厚 4 接口形式 5 有效长度 6 内防腐层	m/根/t	包含灰铸铁管和球墨铸铁管
1713	铝管	1 品种 2 规格 3 壁厚 4 牌号	m/根/t	包含无缝铝管和有缝铝管两种
1715	铜管、铜合金管			包含紫铜管、黄铜管、青铜管等
1717	铅管			包含纯铅管、合金铅管
1719	金属软管	1 品种 2 规格	m/根/t	包含不锈钢金属软管和包塑金属软管
1721	金属波纹管	1 材质 2 规格 3 壁厚 4 波数	m/件	包含碳钢波纹管、不锈钢波纹管、青铜波纹管、钢衬塑波纹管等
1725	塑料管	1 材质 2 规格 3 壁厚 4 材料等级 5 管系（环钢度）	m/根	包括 PVC、UPVC 管、PE 管、HDPE 管、PB 管、PPR 管、ABS 管、FRPP 管、玻璃纤维增强塑料夹砂管等
1727	橡胶管	1 材质 2 规格	kg/m	包括普通胶管、夹布胶管、耐油胶管、橡胶软管、塑料软管、丁腈橡胶管等
1729	其他管材	1 材质 2 规格 3 壁厚	t/m	包含预应力混凝土管、玻璃钢管、铝合金骨架复合管等
1733	衬（涂）塑管	1 材质 2 规格 3 壁厚 4 衬塑、涂层材料	m/根/t	包含钢衬塑钢管、镀锌衬塑钢管、铝合金衬塑管、内筋嵌入式衬塑钢管等

编码	类别名称	特征	单位	说明
1735	钢塑复合管	1 材质 2 规格 3 壁厚 4 用途	m/根/t	包括钢带增强钢塑复合管、无缝钢管增强钢塑复合管、孔网钢带钢塑复合管和钢丝网骨架钢塑复合管、塑钢缠绕管等
18	**管件及管道用器材**			
1801	铸铁管件	1 品种 2 规格 3 接口形式	个	包含三通、四通、弯头、管堵等
1803	钢管管件			包含弯头、三通、四通、异径管、管接头、透气帽等
1805	不锈钢管件			包含三通、四通、弯头、透气帽等
1807	铜、铜合金管件	1 品种 2 材质 3 规格		包含弯头、三通、四通、异径管、管接头、透气帽、补芯等
1809	塑料管件			包含三通、四通、弯头、补芯等
1811	钢塑复合管件			包含三通、四通、弯头、接头、卡箍、法兰、热收缩管等
1815	管接头	1 品种 2 材质 3 规格 4 接口形式	个	包含铸铁管管接头、塑料管管接头、钢管管接口、橡胶软接头等
1817	阻火器	1 品种 2 规格 3 壳体材质 4 公称压力 5 结构形式 6 密封面形式 7 防爆级别	个	包含波纹阻火器、管道阻火器、网型（圆片型）阻火器
1819	过滤器	1 品种 2 规格 3 滤网规格 4 本体材质 5 滤网材质 6 公称压力 7 接口形式 8 过滤器代号	个	包含 Y 形过滤器、锥形过滤器等

编码	类别名称	特征	单位	说明
1821	补偿器	1 品种 2 规格 3 压力等级 4 结构形式 5 波数 6 波纹管的位移型 7 接口形式	个	包含填料式补偿器、套筒式补偿器等
1823	视镜	1 类型 2 公称直径 3 壳体材质 4 公称压力 5 接口形式		
1825	管卡、管箍	1 品种 2 规格		包含单立管卡、双立管卡、U形管卡、管箍等
1827	管道支架、吊架	1 品种 2 类型 3 适应荷载范围 4 热位移量		包含承重支吊架、限制性支吊架、防振支架、弹簧减振吊架
1829	套管	1 品种 2 材质		包含一般套管、防水套管、电气用套管等
1831	其他管件	3 规格		包含玻璃钢管件、金属骨架复合管件等
19	阀门			
1901	截止阀	1 品种 2 结构形式 3 阀体材质 4 公称直径 5 公称压力 6 性能	个	包含法兰截止阀、螺纹截止阀、焊接截止阀、卡套截止阀等
1903	闸阀			包含法兰闸阀、螺纹闸阀、焊接闸阀等
1905	球阀			包含法兰球阀、螺纹球阀、焊接球阀等
1907	蝶阀			包含法兰蝶阀、螺纹蝶阀、对夹蝶阀、信号蝶阀等
1909	止回阀			包含法兰止回阀、螺纹止回阀、缓闭止回阀等

274

编码	类别名称	特征	单位	说明
1911	安全阀			包含螺纹安全阀、法兰安全阀、集流管安全阀等
1913	调节阀			包含法兰调节阀、螺纹调节阀、焊接调节阀等
1915	节流阀	1 品种 2 结构形式 3 阀体材质 4 公称直径 5 公称压力 6 性能		包含法兰节流阀、螺纹节流阀、焊接节流阀、卡套节流阀等
1917	疏水阀			包含法兰疏水阀、螺纹疏水阀、热静力型疏水阀、热动力型疏水阀等
1919	排污阀		个	包含法兰排污阀、螺纹排污阀等
1921	柱塞阀			包含法兰柱塞阀、螺纹柱塞阀等
1923	旋塞阀			包含法兰旋塞阀、螺纹旋塞阀等
1925	隔膜阀			包含法兰隔膜阀、螺纹隔膜阀等
1927	减压阀			包含法兰减压阀、螺纹减压阀等
1928	电磁阀	1 品种 2 公称直径 3 公称压力 4 阀体材质 5 工作原理		包含真空电磁阀、液用电磁阀、消防电磁阀等
1929	减温减压阀	1 品种 2 公称直径	个	包含法兰减温减压阀、焊接减温减压阀等
1931	给水分配阀	3 公称压力 4 阀体材质 5 密封面材料 6 传动方式 7 结构形式	个	包含法兰给水分配阀、焊接给水分配阀等
1933	水位控制阀	1 品种 2 规格 3 公称直径 4 公称压力 5 阀体材质 6 密封面材料	个	包含液压水位控制阀、角式消声水位控制阀等

编码	类别名称	特征	单位	说明
1935	平衡阀	1 品种 2 公称直径 3 公称压力 4 阀体材质 5 密封面材料 6 流量范围	个	包含静态水力平衡阀、自力式流量控制阀、自力式压差控制阀、动态平衡两通阀等
1937	浮球阀	1 品种 2 公称直径 3 公称压力 4 阀体材质	个	包含法兰浮球阀、螺纹浮球阀、隔膜式遥控浮球阀、活塞式遥控浮球阀等
1938	塑料阀门	1 品种 2 公称直径 3 公称压力 4 阀体材质 5 密封圈	个	包含塑料闸阀、塑料球阀、塑料截止阀等
1939	陶瓷阀门		个	
1941	其他阀门	1 品种 2 规格 3 公称直径	个	包含自动排气阀、防污隔断阀等
20	法兰及其垫片			
2001	钢制法兰	1 品种 2 规格 3 材质 4 公称压力 5 结构形式 6 密封面形式	个/副	品种包含平焊法兰、对焊法兰、螺纹法兰、承插焊法兰、翻边活动法兰等
2003	钛法兰	1 品种 2 规格 3 公称压力 4 结构形式 5 密封面形式		包含对焊法兰、翻边活动法兰等

编码	类别名称	特征	单位	说明
2005	铸铁法兰	1 品种 2 规格 3 公称压力	个/副	包含平焊法兰、对焊法兰、螺纹法兰、承插焊法兰、松套法兰等
2007	铜法兰	4 材质 5 结构形式 6 密封面形式		
2009	塑料法兰	1 品种 2 公称直径		包含螺纹法兰、整体法兰等
2011	其他法兰	3 材质 4 公称压力		包含玻璃钢法兰、铝管翻边活动法兰等
2021	盲板	1 公称直径 2 材质 3 公称压力 4 结构形式 5 密封面形式	套	
2031	金属垫片	1 品种 2 公称直径	个	包含透镜式金属垫片、金属包覆垫片、金属缠绕垫片等
2033	非金属垫片	3 垫片厚度 4 材质 5 公称压力 6 垫片形式	个	包含包覆垫片、齿形组合垫片、平垫片等
2035	其他垫片	1 品种 2 材质 3 规格	个	
21	洁具及燃气器具			
2101	浴缸、浴盆	1 品种 2 规格 3 形状 4 功能 5 颜色	个	包含搪瓷浴缸、玻璃钢浴缸、塑料浴缸、陶瓷浴缸、仿瓷浴缸、玛瑙浴缸、亚克力浴缸
2103	净身盆、器（妇洗盆）	1 品种 2 规格 3 喷洗方式 4 规格		包含直喷式、斜喷式和前后交叉喷洗方式陶瓷净身器

编码	类别名称	特征	单位	说明
2105	淋浴器	1 品种 2 公称直径 3 材质 4 表面处理 5 出水方式 6 安装位置	套	包含普通升档淋浴器、感应淋浴器、铁脚踏淋浴器、铜脚踏淋浴器、双门升降淋浴器
2107	淋浴间、淋浴屏	1 品种 2 玻璃厚度	套	
2108	蒸汽房、桑拿房	3 规格 4 形状 5 支架材料 6 门扇及其开启方式 7 功能	间/套	专指浴室内单套安装的蒸汽房、桑拿房
2109	洗脸盆、洗手盆		套	
2111	洗发盆（洗头槽）	1 品种 2 规格 3 结构形式 4 颜色或表面图案 5 材质	套	
2113	洗涤盆、化验盆		套	包含洗涤槽、洗碗盆、拖布池等
2115	大便器		套	包含全自动陶瓷座式大便器、连体陶瓷座式大便器、分体陶瓷座式大便器等
2117	小便器		套	包含挂斗式小便器和立式小便器
2119	化妆台、化妆镜	1 品种 2 规格 3 材质	套	
2121	浴室家具		套	包含边柜、置物架、碗盆柜等
2125	卫生器具用水箱			
2127	烘手器	1 品种 2 规格 3 外壳材质 4 功率 5 感应距离	个	包含暖气烘手器、干式烘手器等

278

编码	类别名称	特征	单位	说明
2129	喷香机、给皂器	1 品种 2 规格 3 材质 4 总容量	个	包含感应、自动、感应自动、手动等给皂器
2131	其他卫生洁具	1 品种 2 规格 3 材质		
2141	盒子卫生间			
2143	消毒器、消毒锅	1 品种 2 规格	台	包含紫外线消毒净化器（分通用型和定时自控型两类）、自洁式消毒器
2145	饮水器	1 品种 2 规格 3 电源 4 功率 5 功能		
2147	厨用隔油器	1 品种 2 规格 3 容许流入水量 4 槽数	个	包含地埋式隔油器、嵌挂式隔油器、悬挂式隔油器
2151	抽水缸	1 品种 2 规格		包含碳钢、铸铁抽水缸
2153	调压装置	1 品种 2 通径 3 结构形式	套/个	包含燃气调压器、调压箱
2155	燃气管道专用附件	1 品种 2 规格	套/件	包含旋塞阀、燃气嘴、点火棒、表托盘
2157	其他燃气器具			
22	**采暖及通风空调器材**			
2201	铸铁散热器	1 品种 2 规格 3 同侧进出口中心距 4 外表面处理	片/组	包含长翼型铸铁散热器、柱翼型铸铁散热器、圆翼型铸铁散热器、柱型铸铁散热器

编码	类别名称	特征	单位	说明
2203	钢制散热器	1 品种 2 规格 3 同侧进出口中心距	片/组	包含闭式钢制散热器、单板-板式钢制散热器、双板-板式钢制散热器、壁板式钢制散热器等
2205	铝制散热器			包含柱式铝制散热器、串片式铝制散热器、闭式对流串片式铝制散热器
2207	铜及复合散热器			
2209	其他散热器			
2211	散热器专用配件	1 品种 2 规格	副/个	包含散热器对丝、丝堵、补芯、胶垫、托钩、排气阀
2221	集气罐	1 品种 2 公称直径 3 压力	个	包含卧式集气罐、立式集气罐
2223	集热器	1 品种 2 规格 3 集热面积	组/套	包含液体集热器、空气集热器
2225	除污器	1 品种 2 公称直径 3 设计压力 4 过滤孔径范围		包含立式直通除污器、卧式直通除污器、卧式角通除污器、自动、手动排污过滤器(ZPG)
2227	膨胀水箱	1 品种 2 规格 3 公称容积	个	
2229	水锤吸纳器	1 品种 2 公称通径 3 公称压力 4 连接形式		
2231	汽水集配器	1 介质类型 2 缸体直径 3 蒸汽压力	台	
2233	其他采暖材料	1 品种 2 规格	个	包含炉钩、放风、软化水嘴、直气门、钥匙八字气门等

编码	类别名称	特征	单位	说明
2240	风机盘管	1 品种 2 外形尺寸 3 风量 4 盘管数	台	
2241	风口	1 品种 2 规格 3 材质 4 表面处理 5 风量	个	包含百叶分口、隔栅风口、圆盘形风口、条形风口、孔板风口等
2243	散流器	1 品种 2 规格 3 材质 4 风量	个/kg	包含方形、圆形、矩形、流线形、线槽等散流器
2245	风管、风道	1 品种 2 规格 3 材质	个/kg	包含碳钢风管、镀锌钢板风管、镀锌铁皮风管、玻璃钢风管等
2247	风帽	1 品种 2 规格 3 材质 4 重量	个	包含伞形、球形、圆锥形、筒形风帽
2249	罩类	1 品种 2 规格 3 材质	套/个	包含防护罩、防雨罩、排气罩、通风罩、防火罩、采光罩等
2251	风口过滤器、过滤网	1 品种 2 规格 3 额定风量	个/ m²	包含金属过滤网、铝合金过滤网、尼龙过滤网、玻璃钢过滤网、光触媒过滤网等
2253	调节阀			包含风管防火阀、排烟阀、对开多叶调节阀、密闭式对开多叶调节阀等
2255	消声器	1 品种 2 规格 3 材质	个	包含阻性消声器、抗性消声器、阻抗复合式消声器、微穿孔板消声器、小孔消声器和有源消声器等
2259	静压箱			
2261	其他通风空调材料			

编码	类别名称	特征	单位	说明
23	消防器材			
2301	灭火器	1 充装灭火剂 2 移动方式 3 灭火级别 4 灭火剂量	个/套	包含泡沫灭火器，干粉灭火器，二氧化碳灭火器，酸碱灭火器，六氟丙烷灭火器、七氟丙烷灭火器、三氟甲烷灭火器、水基型（水雾）灭火器等
2303	消火栓	1 品种 2 公称直径 3 应用场所 4 接口形式	个	包含地上消火栓,地下消火栓、室内消火栓、室外消火栓等
2305	消防水泵接合器	1 出口公称直径 2 压力等级 3 接口形式		包含地上式、地下式和墙壁式消防水泵接合器
2307	消防箱、柜	1 品种 2 箱体尺寸 3 材质 4 箱门形式		包含木制消火栓箱、玻璃钢消防箱、铝合金消防箱、铁质消防箱、钢质消防箱、铝合金消防柜、钢质消防柜等
2311	泡沫发生器、比例混合器	1 品种 2 干管通径 3 混合液流量 4 泡沫液贮罐公称容积 5 泡沫发生量	个	
2313	水流指示器	1 品种 2 规格 3 公称直径		包含螺纹式水流指示器和法兰式水流指示器等
2315	灭火剂	1 品种 2 规格 3 包装形式	kg	包含干粉灭火剂、泡沫灭火剂、卤代烷灭火剂
2317	灭火散材	1 品种 2 规格 3 性能 4 比重	m²/个	包含灭火毯、防火枕、防火圈、防火包和防火堵料等

编码	类别名称	特征	单位	说明
2319	消防水枪	1 品种 2 流量 3 公称直径 4 射程 5 压力等级	支	包含直流水枪、开花水枪、喷雾水枪
2321	消防喷头	1 品种 2 公称口径 3 压力等级	套/个	包含水幕喷头、泡沫喷头、水雾喷头、开式喷头等
2323	软管卷盘、水龙带及接口	1 品种 2 外形尺寸 3 公称直径 4 压力等级	m	包含水带接口、异径接口、管牙接口、吸水管接口等
2325	灭火装置专用阀门	1 品种 2 公称直径 3 压力等级 4 型号	个	包含选择阀、分配阀、报警阀、监控阀、雨淋阀等
2327	分水器、集水器、滤水器	1 品种 2 型号 3 压力等级	个	
2329	隔膜式气压水罐	1 品种 2 罐体直径 3 压力等级 4 总容积 5 调节容积	台	
2331	消防工具	1 品种 2 规格	台/个	包含消防斧、消火栓试压器、消防软梯、抢险锹等
2337	探测器	1 品种 2 类型 3 工作电压 4 规格	个	包含烟感探测器、温感探测器、煤气泄漏探测器等
2339	成套报警装置	1 品种	套	
2340	现场模块	1 品种 2 外形尺寸 3 工作电压 4 电流 5 编码方式 6 线制	个	

编码	类别名称	特征	单位	说明
2341	其他报警器材	1 品种 2 规格	套/个	包含报警按钮、气体指示灯、报警显示器
2343	消防通信广播器材	1 品种 2 外形尺寸 3 工作电压 4 工作电流 5 额定功率	套/个	包含消防报警专用的通信器材和广播器材
2345	其他消防器材	1 品种 2 规格	套/个	
24	**仪表及自动化控制**			
2401	水表	1 品种 2 公称直径 3 壳体材质	个	包含 LXS 型旋翼湿式水表、LXL 型水平螺翼式水表、IC卡智能水表、超声波水表等
2403	燃气表	4 公称流量 5 型号	块	包含 IC 卡智能燃气表、预付费燃气表
2404	电度表	1 品种 2 规格 3 壳体材质 4 额定电流 5 型号	个	包含单相电度表、三相电度表、单相预付费电度表、三相预付费电度表、多功能电表等
2405	热量表			包含组合机械式热量表、整体机械式热量表、IC卡智能冷热量表
2406	综合计费仪表	1 品种 2 规格 3 型号		
2407	电工测量仪表	1 品种 2 规格 3 壳体材质 4 型号		包含电阻表、单相功率表、三相功率表、三相功率因数表、频率表、导电表等
2409	温度测量仪表		支/个	包含膨胀式温度计（如玻璃水银温度计）、压力式温度计、电阻式温度计、热电式温度计等
2411	压力仪表	1 品种 2 表壳公称直径 3 结构形式 4 型号		包含液柱式压力计（如U形管压力计）、弹性式压力计(如弹簧管/波纹管压力计、膜盒压力计)等

284

编码	类别名称	特征	单位	说明
2413	差压、流量仪表	1 品种 2 规格 口径 DN 3 类型 4 公称压力 5 防护等级 6 型号	支/个	包含速度式流量计(如涡轮流量计)、容积式流量计(如椭圆齿轮流量计)、差压式流量计等
2415	节流装置	1 流件名称 2 公称直径 3 取压方式	m³	
2417	物位检测仪表		片/个	包含液位计、物位计
2419	显示仪表			包含记录仪、电子显示仪
2423	过程分析仪表			包含电化学式分析仪(如电导式气体分析仪、电磁浓度计等)、热学式分析仪等。
2424	机械量仪表			包含测厚仪、热膨胀检测仪、挠度检测仪、转速检测仪、转动检测仪等
2425	物性检测仪表	1 品种 2 规格	个	包含温度分析仪、密度、比重测定仪表、水分计
2427	气象环保检测仪表			包含风向检测仪、风速检测仪、雨量检测仪、日照检测仪、飘尘检测仪、有害气体检测仪、噪声计
2429	过程控制仪表器件			包含变送单元仪表、显示单元仪表、调节单元仪表等
2431	集中监视与控制装置			包含安全检测装置、顺序控制装置、信号报警装置、数据采集及巡回检测报警装置等
2433	工业计算机器材			包含安全检测装置、顺序控制装置、信号报警装置等
2459	仪表专用管件	1 品种 2 公称直径 3 材质 4 公称压力	套/个	包含水表垫、水表母、水表管、水表接头、水表法兰等

编码	类别名称	特征	单位	说明
2461	仪表专用套管	1 品种 2 材质		
2463	仪表专用阀门	1 品种 2 公称直径 3 壳体材质 4 公称压力	个	
2467	仪表专用垫片		个	
2469	其他仪表及自控器材	1 品种 2 规格	套/个	包含水表垫、水表母、水表管、水表法兰
25	灯具、光源			
2501	光源	1 品种 2 额定电压 3 额定功率 4 灯管类型 5 灯管形状 6 灯头形式	个	包含灯泡、灯管
2505	吊灯（装饰花灯）	1 灯具造型 2 灯径×灯长 3 灯罩（片）材质 4 灯架材质 5 灯头数量 6 表面处理 7 灯头形式	套	包含各种造型的装饰性照明效果的吊灯
2507	吸顶灯	1 灯具造型 2 灯径×灯长 3 荧光灯管功率 4 灯罩材质 5 灯头（管）数量		包含单罩、双罩、四罩等多种造型的等
2509	壁灯	1 灯具造型 2 灯宽×灯高 3 灯罩材质 4 灯架材质 5 表面处理 6 灯罩数		包含单罩、双罩、三罩等多种造型的壁灯

编码	类别名称	特征	单位	说明
2511	筒灯	1 品种 2 规格 3 功率 4 灯体材质及成型方式 5 形状 6 灯头形式	套	包含嵌入式、吸顶式筒灯
2515	格栅灯（荧光灯盘）	1 品种 2 灯管规格 3 外形尺寸 4 灯管数及功率 5 反射面、透光面材质 6 镇流器形式	套/件	包含嵌入式、吸顶（明装）式格栅灯
2517	射灯	1 品种 2 光源 3 功率 4 灯体材质 5 灯头数量	台	包含吸顶射灯、天花射灯、导轨射灯、格栅射灯
2519	台灯、落地灯	1 品种 2 功率 3 灯罩材质 4 灯架材质 5 表面处理		
2521	其他室内灯具	1 品种 2 功率 3 外形尺寸 4 灯体材质		
2525	泛光灯、投光灯	1 品种 2 光源 3 功率 4 灯体材质 5 灯头形式 6 投光角度 7 LED 灯珠数	套	

287

编码	类别名称	特征	单位	说明
2527	地埋灯	1 光源 2 功率 3 灯体材质 4 LED 灯珠数 5 防护等级	套	包含立柱式草坪灯、墙壁式草坪灯、地埋式草坪灯
2529	草坪灯			
2531	轮廓装饰灯			包含 LED 灯珠条、水晶地砖灯、太阳能地砖灯
2533	庭院、广场、道路、景观灯			
2535	标志、应急灯	1 品种 2 光源 3 灯头数及功率 4 灯体材质 5 灯具形式 6 应急时间	套/个	包含消防标志、航空标志、河道导航塔灯
2537	信号灯	1 品种 2 灯源 3 信号灯用途 4 灯体材质 5 灯具形式	套	包含机动车道信号灯、人行横道信号灯、非机动车道信号灯、方向指示信号灯等
2541	水下灯	1 品种 2 光源类型 3 额定电压 4 功率 5 LED 灯珠数 6 防护等级		
2543	厂矿、场馆用灯	1 光源 2 功率 3 规格 4 灯体材质 5 保护盖材质 6 防护等级		
2545	医院专用灯	1 品种 2 光源 3 功率 4 外形尺寸 5 灯体材质		

编码	类别名称	特征	单位	说明
2547	歌舞厅灯	1 光源 2 造型 3 功率 4 灯体材质	套	
2549	隧道灯	1 光源 2 功率 3 外形尺寸 4 灯体材质 5 安装方式 6 配光形式 7 防护等级		
2551	灯头、灯座、灯罩	1 品种 2 类型 3 材质	个	
2552	荧光灯支架	1 品种 2 灯管数及功率 3 灯管规格 4 支架材质 5 镇流器形式	套	
2553	灯戗、灯伞、灯臂	1 品种 2 外形尺寸 3 材质	套	
2555	启辉器、镇流器	1 品种 2 额定功率 3 外形尺寸		
2557	专业灯具电源	1 品种 2 规格 3 输出电压 4 输出电流	台	
2559	灯线及附件	1 品种 2 规格	个	
2561	其他灯具及附件	1 品种 2 外形尺寸	套	

编码	类别名称	特征		单位	说明
26	开关、插座				
2601	拉线开关	1 品种 2 额定电压		个	包含一位单极、一位双级、二位单极、二位双级拉线开关
2603	扳把开关	3 额定电流		套	
2605	普通面板开关	1 品种 2 额定电压 3 额定电流 4 外形尺寸 5 开关位数 6 控制电器数 7 附带功能		个	包含按钮开关、琴键开关、大跷板开关、带指示器开关、按钮电铃开关等
2607	调光面板开关	1 品种 2 额定电压 3 额定功率 4 开关位数 5 适用光源 6 附带功能			包含调光开关、双联调光开关、带开关调光开关、红外线遥控调光开关等
2609	电子感应开关	1 品种 2 额定电压 3 额定电流 4 额定功率 5 外形尺寸 6 延时时间		套	包含触摸延时开关、声控延时开关、带指示器延时开关、远红外线感应开关、红外线遥控调光感应开关等
2611	调速面板开关	1 品种 2 额定电压 3 额定功率 4 外形尺寸 5 开关位数 6 附带功能		个	包含风扇调速开关
2613	插卡取电开关	1 品种 2 额定电压 3 额定电流 4 外形尺寸 5 延时时间		套	包含光电式(带延时)、光电式(不带延时)、匙牌式(带延时)、匙牌式(不带延时)等

编码	类别名称	特征	单位	说明
2615	门铃、电铃开关	1 品种 2 额定电压 3 额定电流 4 外形尺寸 5 开关位数 6 附带功能	套	包含感应门铃、电子门铃、可视门铃
2617	自复位开关	1 品种 2 额定电压 3 额定电流 4 外形尺寸 5 开关位数 6 控制电器数 7 附带功能		
2619	音量调节开关	1 品种 2 额定电压 3 额定电流 4 额定功率 5 外形尺寸		
2621	按钮开关	1 品种 2 电源参数 3 端子数 4 外形尺寸	个	包含一般按钮开关、带灯式按钮开关、旋钮式、钥匙式、旋柄式按钮开关
2626	其他控制开关	1 品种 2 额定电压 3 额定电流 4 外形尺寸		
2631	面板、边框、盖板	1 品种 2 开关位数 3 面板材质 4 外形尺寸	个	包含各种颜色的开关面板、插座面板、空白面板、面板边框、盖板及其底盒等结构性配件
2633	开关、插座功能件	1 品种 2 额定电压	个/套	包含面板开关、插座里面的各种功能性配件
2641	电源插座	3 额定电流 4 额定功率 5 插座承接形式 6 附带功能	个	包含扁脚插座、扁圆脚插座、方脚插座等

编码	类别名称	特征	单位	说明
2643	刮须插座	1 品种 2 额定电压 3 额定电流 4 额定功率 5 外形尺寸		
2645	电源插头	1 品种 2 额定电压 3 额定电流 4 外形尺寸 5 插口形式	个	包含三级、二级扁脚、圆角插头
2647	电源插座转换器	1 品种 2 额定电压 3 额定电流 4 额定功率 5 外形尺寸		
2649	其他开关	1 品种 2 外形尺寸		
27	保险、绝缘材料			
2701	熔断器、熔断丝	1 品种 2 额定电压 3 熔断器额定电流 4 熔断体额定电流 5 形状 6 适用范围	个	包含螺旋式熔断器、密管式熔断器、防爆式熔断器、瓷插式熔断器等
2703	保险器材	1 品种 2 公称工作电压 3 公称工作电流 4 类型 5 材质		包含保险丝、保险带、保险片、保险盖、保险架等保险材料
2705	避雷器材	1 品种 2 额定电压 3 类型	套	包含避雷器、避雷针、避雷网等避雷材料

编码	类别名称	特征	单位	说明
2707	漏电保护器材	1 品种 2 额定工作电压 3 额定绝缘电压 4 额定电流 5 额定漏电电流 6 脱扣装置类型	个	包含 GS251S FIN DZ12LE DZ20LE DZ30LE 系列的保护器以及框架式断路器、塑壳式断路器、漏电保护开关
2709	高压绝缘子	1 名称 2 额定电压 3 强度等级 4 机械破坏荷载 5 金属附件地面形状 6 额定机械拉伸负载	个	包含户内支柱绝缘子、户外支柱绝缘子、复合绝缘子等
2711	低压绝缘子	1 名称 2 工频电压—干闪 3 工频电压—湿闪 4 安装连接形式 5 械破坏强度	个	包含针式绝缘子、蝶式绝缘子、线轴式绝缘子、拉紧绝缘子、鼓形绝缘子、低压支柱绝缘子、电车线路绝缘子
2713	绝缘穿墙套管、瓷套管	1 品种 2 额定电压 3 额定电流 4 类型 5 污秽等级	只	包含户内穿墙瓷套管、户外穿墙瓷套管、母线穿墙套管、油纸电容式穿墙套管、复合穿墙套管
2715	瓷绝缘散材	1 品种 2 规格 3 类型	个	包含瓷瓶、瓷夹板、瓷接头、瓷撑板、陶瓷灭弧罩、瓷珠、耐热电瓷环、瓷嘴子
2717	绝缘布、绝缘带	1 品种 2 规格 3 包装方式	卷/盘	包含布绝缘胶带、塑料绝缘胶带、涤纶绝缘胶带等
2719	绝缘板、绝缘箔	1 品种 2 规格	m²	

编码	类别名称	特征	单位	说明
2721	绝缘管	1 品种 2 材质 3 型号 4 耐压 5 耐温	m	包含玻璃漆管、玻璃布管、酚醛层压布管、酚醛层压纸管、云母管
2723	绝缘棒	1 品种 2 规格	kg/根	包含酚醛层压布棒、层压玻璃布棒、云母棒
2725	其他绝缘材料		kg	
28	电线电缆及光纤光缆			
2801	裸电线	1 品种 2 单线直径 3 标称截面 4 截面形状 5 软硬度 6 电镀材料及其含量	km	包含裸铜单线、裸铜绞线、铝绞线、钢芯铝绞线、铜包钢线等
2803	电气装备用电线电缆	1 品种 2 标称截面 3 芯数 4 线芯材质 5 绝缘材料 6 护套材料 7 特性	km	包含聚氯乙烯绝缘电线、聚氯乙烯绝缘软线、丁腈聚氯乙烯混合物绝缘软线、橡胶绝缘电线、橡胶绝缘编织软线、聚氯乙烯绝缘尼龙护套电线、户外用聚氯乙烯绝缘电线等
2805	电磁线	1 品种 2 标称直径 3 线芯材质 4 绝缘材料 5 绝缘特征 6 绝缘漆种类 7 热级等级 8 线芯特征	km	包含漆包电磁线、纤维绕包电磁线等

编码	类别名称	特征	单位	说明
2811	电力电缆	1 品种 2 标称截面 3 芯数	km	包含普通橡皮绝缘电力电缆,热塑性弹性体护套电力电缆、乙丙橡皮绝缘阻燃电力电缆等
2813	充油及油浸纸绝缘电力电缆	4 线芯材质 5 绝缘材料 6 护套材料 7 额定电压 8 特性	km	
2821	室内电话电缆	1 标称直径 2 标称对数	km	包含纸绝缘市内话缆、聚烯烃绝缘聚烯烃护套市内话缆等
2823	长途通信电缆	3 线芯材质 4 绝缘材料 5 外护套材料 6 内护层材料 7 内护层材料特征 8 敷设方式	km	包含纸绝缘高低频长途对称电缆、铜芯泡沫聚乙烯高低频长途对称电缆以及数字传输长途对称电缆等
2825	光纤光缆	1 芯数 2 护套材料 3 类型 4 光缆结构 5 敷设方式	km	包含通信光缆、管道光缆、全介质自承式光缆(ADSS 光缆)、地线复合光缆(OPGW 光缆)、海底光缆等
2827	信号电缆	1 标称直径 2 标称对数 3 线芯材质	km	包含综合扭绞低电容信号电缆、综合屏蔽护层带铠装信号电缆等
2829	同轴通信电缆	4 绝缘材料 5 外护套材料 6 内护层材料 7 内护层材料特征 8 敷设方式	km	包含小同轴电缆、中同轴和微小同轴电缆等
2831	计算机用电缆	1 标称截面 2 对数 3 绝缘材料 4 外护套材料 5 屏蔽材料 6 额定电压	km	包含电子计算机用电缆(DJ)型、计算机用多对电缆、计算机用多对屏蔽电缆等

编码	类别名称	特征	单位	说明
2841	特种电缆	1 品种 2 标称截面 3 芯数 4 对数 5 线芯材质 6 绝缘材料 7 护套材料 8 屏蔽材料 9 导体种类	km	包含地铁电缆、耐高温电线电缆、低电感电缆、低噪声电缆等
2843	其他电线电缆	1 品种 2 线芯材质 3 绝缘材料 4 护套材料	km	
29	电气线路敷设材料			
2901	桥架	1 品种 2 材质及表面处理 3 宽度×高度 4 壁厚 5 跨度	只/m	包含钢制桥架、玻璃钢桥架、铝合金桥架等
2902	桥架连接件及附件	1 品种 3 材质及表面处理 4 规格 5 壁厚 6 桥架形式	根/个	包含桥架附件有连接板(片)、终端板、引下件、盖板、紧固件、隔板等
2903	线槽及其连接件	1 品种 2 材质及表面处理 3 宽度×高度 4 壁厚 5 形状		包括槽三通、槽四通、槽接头、槽角弯等
2905	母线槽	1 品种 2 外形尺寸 3 母线材质 4 防护等级 5 外壳材质 6 连接方式 7 供电方式 8 电流	m	

编码	类别名称	特征	单位	说明
2907	电缆头	1 品种 2 电压等级 3 芯数 4 适用电缆截面积		包含浇注式电缆终端头、热缩式电缆终端头、干包式电缆终端头、控制电缆终端头、热（冷）缩电缆中间头等
2909	接线端子	1 品种 2 额定电压 3 材质 4 导线截面面积 5 结构特征		包含铜接线端子、铝接线端子、铜铝接线端子等
2911	接线盒(箱)	1 品种 2 外形尺寸 3 形状 4 安装方式		包含塑料接线盒、铁接线盒、铸铁接线盒、钢接线盒、光缆终端盒等
2913	母线金具	1 品种 2 适用母线宽度 3 适用支柱绝缘子螺径 4 适用母线 5 适用导线截面	个	包含矩形母线固定金具、槽形母线固定金具、管形母线固定金具等
2915	变电金具	1 品种 2 适用导线：外径 3 适用导线：母线/引下线（截面）		包含 T 形线夹、设备线夹等
2917	线路金具	1 品种 2 适用绞线直径范围（包含缠物） 3 适用绞线外径 4 适用绞线截面		包含悬垂线夹、耐张线夹、连接金具、避雷线悬垂吊架、接线金具、保护金具、拉线金具等
2919	电杆、塔	1 品种 2 梢径×长度 3 材质		包含混凝土电杆、木电杆、铁塔等
2921	杆塔固定件	1 品种 2 规格		包含帮桩、接杆、撑杆、底盘、卡盘、拉线盘等

编码	类别名称	特征	单位	说明
2923	杆塔支撑横担及附件	1 品种 2 规格 3 电压 4 安装形式	根	包含木横担、铁横担、瓷横担、角钢横担等
2925	线路连接附件	1 品种 2 规格	个/套	包含线芯压接用模具、电缆头套、引入盒、保护罩等
2927	其他线路敷设材料		个	包含滑触线、滑触线附件、接地线用器材等
30	弱电及信息类器材			
3001	安防报警、出入口控制器材	1 品种 2 型号 3 技术参数及说明	套/台	包含入侵探测器、门磁开关、可视门镜、电控锁、密码键盘、电磁吸力锁等
3003	安防检查、监控显示器材			包含视频采集卡、录像主机、监视器、摄影机、镜头、云台、云台控制器视频切换器、视频分配器、时间发生器、画面处理器、视频放大器等
3005	停车场管理系统器材			包含出入口控制机、自动感应器、车辆栏杆、自动监测板、出卡机、语音报价器、停车计费显示器、紧急报警器等
3007	电话通信设备器材			包含电话出线口、电话分线箱、电话中途箱、分线盒、来电显示器、对讲机、电话机等
3009	广播线路、移动通信器材		台	包含插头、天线、波导器材、光纤零件（光纤双口、光纤四口信息插座、光纤连接器、跳线连接器）、示波器
3011	有线电视、卫星电视器材		个/套/台	包含光放大器、线路放大器、供电器、分支器、分配器、均衡器、视频分配器、分线盒
3013	信息插座插头器材		个/套	包含8位模块单口、双口信息插座、信息插座底盒、过线盒、电视插座

编码	类别名称	特征	单位	说明
3015	计算机网络系统器材		只/m	包含终端设备、附属设备、网络终端设备、接口卡、网络集线器、路由器等
3017	楼宇小区自控及多表远传系统器材	1 品种 2 型号 3 技术参数及说明	套	包含编码模块、控制器、传感器、电量变送器等
3019	扩声、音乐背景器材		个	包含数码调谐器、前置放大器、功效扩音系统、调音台、数字音频信号处理器、音箱等
3021	其他弱电及信息类器材		台	
31	**仿古建筑材料**			
3101	琉璃砖		块/m²	包含琉璃砖、琉璃面砖、花心、檐砖
3103	琉璃瓦件		个/块	包含板瓦、筒瓦、脊、吻头、钉帽、滴水等
3105	琉璃人、兽材料		个	包含仙人、背兽、兽座、兽角、垂兽、套兽、抱头狮子、马等
3107	琉璃其余仿古材料		m/块	包含竹节、花窗、花架、栏杆等
3109	黏土砖		个/块	包含大城砖、二样城砖、大停泥砖、小停泥砖、大开条砖、小开条砖等
3111	黏土瓦件	1 品种 2 规格	个/块	包含筒瓦、板瓦、勾头、滴水、花边瓦、正吻等
3113	黏土人、兽材料		个	包含仙人、背兽、兽座、兽角、垂兽、套兽、抱头狮子、马等
3115	其他黏土仿古材料			
3117	仿古油饰、彩画材料		个/套	包含面粉、血料、砖灰、精梳麻、银珠、钛金粉、颜料粉等
3119	裱糊材料		m/张	包含大白纸、麻呈纸、白杆、线麻、糯糊、银花纸、高丽纸、彩箔纸、镶边纸、绫绢等
3121	木制仿古材料		m³	包含木桁条、木枋（木枋子）、木机（木连机）等
3123	其他仿古材料		个/套	

编码	类别名称	特征	单位	说明
32	园林绿化			
3201	乔木	1 植物名称 2 胸径 3 株高 4 土球直径 5 土球深度 6 包装方式 7 植物形态	株	包含落叶乔木、常绿乔木
3203	灌木	1 植物名称 2 株高 3 土球直径 4 土球深度 5 冠幅 6 包装方式 7 包装类型 8 主枝数	株/盆	包含地栽灌木、盆栽灌木、袋装灌木
3205	藤本植物	1 植物名称 2 土球直径 3 土球深度 4 包装方式 5 包装类型 6 枝干长度	株/袋	包含各种沿立面生长的藤本植物
3207	地被植物	1 植物名称 2 苗高 3 包装方式 4 包装类型 5 面积	m²/袋	包含各种沿地面生长的草本植物
3209	棕榈科植物	1 植物名称 2 地径 3 株高 4 土球直径 5 土球深度 6 包装方式 7 净干高	株/袋	包含地栽棕榈、盆栽棕榈

编码	类别名称	特征	单位	说明
3211	观赏竹类	1 植物名称 2 母竹株高		包含红竹、紫竹、佛肚竹、小琴丝、金镶玉竹、刚竹等等
3213	花卉	1 植物名称 2 株高 3 冠幅 4 包装方式 5 包装类型	株/袋/盆	包含草本花卉、木本花卉
3215	水生植物	1 植物名称 2 根盘直径 3 水深 4 种植形式 5 种植率	株/盆/丛	包含挺水植物、浮叶植物，沉水植物和漂浮植物以及湿生植物
3217	盆景	1 品种 2 规格 3 形态描述	盆/棵	
3221	园林雕塑		尊/座/件	
3223	假山、观景石		座/组/t	包含天然假山、人造假山以及各式各样的造型的观景石
3225	喷泉	1 品种 2 规格 3 图案	个/套	包含不同造型的喷泉，音乐喷泉、动物喷泉等
3227	种植土		kg/m³	
3229	园艺资材		个/套	包含一些花盆、碰、亭花架、盆景
3231	浇水喷头	1 品种 2 流量 3 射程	个	包含各种类型的喷头
3233	苗木检修、栽培器材	1 品种 2 规格	台/套	包含割草机、修剪、栽培使用的锄头、铁钎等
3235	其他园林绿化器材		个/套	
33	**成型构件及加工件**			
3301	钢结构制作件	1 品种 2 规格 3 单体重量	个/kg/m²	包含钢管柱、天窗架、钢屋架、墙架、吊车梁、钢埋件等

编码	类别名称	特征	单位	说明
3305	铸铁及铁构件	1 品种 2 规格	个/kg/m²	包含铸铁雨水斗、铸铁箅子、铸铁箱、柜等
3307	压力容器构件	1 品种 2 规格 3 材质 4 容积	个/台/套	
3309	漏斗		个	包含不同材质的排水漏斗
3311	水箱		套	包含建筑物室内使用的玻璃钢、不锈钢、搪瓷水箱等
3313	活动房屋	1 品种 2 规格 3 墙体及屋面材料		包含整体吊装式活动房屋、折叠式活动房屋等
3321	变形缝	1 品种 2 宽度 3 材质	m	包含伸缩缝、沉降缝、防震缝等
3323	翻边短管	1 品种 2 规格 3 连接形式	个	
3325	减震器	1 品种 2 规格 3 弹性刚度		包含橡胶减震器、弹簧减震器等
3331	木质加工件	1 品种 2 规格	m³	
3333	机械设备安装用加工件	1 品种 2 规格 3 材质 4 特征类型	kg/套/块	
3335	装置设备附件	1 品种 2 规格	个	
3339	预制烟囱、烟道	1 品种 2 规格 3 材质 4 结构形式	m	
3341	其他成型制品	1 品种 2 规格	个	

编码	类别名称	特征	单位	说明
34	密封、电极及劳保用品等其他材料			
3401	密封材料	1 品种 2 规格	m/m³/盒/kg	包含密封剂、密封膏（胶）、嵌缝膏、灌浆、堵漏材料、门窗密封条等
3403	电极材料		个/根/只/m/t	包含石墨电极、碳电极、镁阳极、电极板、电极合金材料等
3405	火工材料		个/kg/m	包含硝酸铵类炸药、硝化甘油类炸药、火雷管、电雷管、引爆线（索）等
3407	无损探伤用耗材		瓶/袋/张/副/m²/L	包含磁粉、超声波探头、显影剂、定影剂、胶片等
3409	纸、笔		本/包/箱/张/m²/kg	包含打印纸、笔、木工用笔、钳工用笔
3411	劳保用品		盒/个	包含劳保服装、防护口罩、手套、劳保鞋、安全帽、工作帽、安全带、绳、安全网其他劳保用品
3413	零星施工用料		套/卷/包/个/盒/瓶/kg/m²	包含踢脚线挂件、夹子等
3415	水电、煤炭		kW·h/kg/t	包含煤、木炭、焦炭
3417	号牌、铭牌		m²/个	包含工地用铭牌、号牌
35	周转材料及五金工具			
3501	模板	1 品种 2 规格 3 结构类型 4 施工方法	m²	包含木模板、钢木模板、胶合板模板、钢竹模板、钢模板、覆膜模板等
3502	模板附件	1 品种 2 规格	个/kg/只	包含管卡子、扣件、U形卡、蝶卡等
3503	脚手架及其配件		只/套/副/根/kg/t/m²/m³	包含木、竹和钢管脚手架等以及踏板、底座、拖座、内管接头、爬梯、脚轮等配件

编码	类别名称	特征	单位	说明
3505	围护、运输类周转材料		m^2	
3507	胎具、模具类周转材料	1 品种 2 规格	个/kg	
3509	其余周转材料		kg/个/m	包混含金属结构平台、钢撑板、容器类周转材料、其他周转材料
3511	手动工具	1 品种 2 类型 3 长度 4 开口宽度	套	
3513	手动起重工具	1 品种 2 滑轮直径 3 适用钢丝绳直径 4 起重量 5 标准起升高度	套	
3515	气动工具	1 品种 2 适用螺纹规格/铆钉直径 3 类型 4 转速 5 功率 6 工作气压 7 耗气量 8 冲击频率	套	
3517	电动工具	1 品种 2 类型 3 额定电压 4 额定输入功率	套	
3519	土木工具	1 品种 2 规格	套	
3521	钳工工具	1 品种 2 类型 3 钳口宽度 4 开口度	套	

编码	类别名称	特征	单位	说明
3523	水暖工具	1 品种 2 规格	套	
3525	电工工具	1 品种 2 长度 3 额定电压 4 额定输出功率	套	
3527	测量工具	1 品种 2 游标读数值/指示表分度值 3 标称长度 4 测量范围 5 测量模数范围	套/块	包含量尺、量规、卡尺、千分尺等
3529	衡器	1 品种 2 承受板(台) 3 称盘直径 4 铊的规格 5 最大称重 6 刻度值 7 电压		包含天平、台秤、案秤、电子秤、弹簧度盘秤等
3531	仪表类工具		个	包含校验仪、计数器、计算器、万用表、示波器、测试仪等
3533	实验室用工器具	1 品种 2 规格		包含烧杯、量杯、烧瓶、量瓶、洗瓶、加液瓶、试剂瓶、双口瓶、三口瓶以及放水、过滤、试验瓶,采样、蒸馏瓶,比重瓶等
3535	工程测绘仪器			
3539	其他工器具			
36	**道路桥梁专用材料**			
3601	道路管井、沟、槽等构件	1 品种 2 规格 3 材质	套/m²	包含道路井、井盖、井环盖、雨算子、混凝土装配式预制井体、混凝土排水沟槽、电缆沟槽等

编码	类别名称	特征	单位	说明
3603	土工格栅	1 品种 2 格栅规格 3 网孔规格	m²	包含涤纶土工格栅、单向塑料土工格栅、双向塑料土工格栅、混凝土、铸铁算子等
3605	路面砖	1 品种 2 规格 3 抗压强度 4 混凝土捣制方式 5 材质		包含各种混凝土的路面砖、码头砖、护坡砖等
3607	路面石构件	1 品种 2 规格	m/m³	包含路缘石、路平石、路牙石、侧缘石、仿天然石盲道等
3609	广场砖	1 品种 2 规格 3 图案	m²	
3611	防撞装置	1 品种 2 规格	套	包含防撞板、防撞柱、防撞筒（墩）
3613	隔离装置	1 品种 2 规格	m	包含固定隔离装置、活动隔离装置、汽车道闸（栏杆）、挡车柱
3621	交通（安全）标志		套	包含标志牌、板、反光材料、限速牌、停车牌等标志牌
3623	车位锁		套	
3625	交通岗亭	1 材质 2 外形尺寸	套	
3627	护栏、防护栏、隔离栅	1 品种 2 规格 3 用途 4 材质	m²	包含隔离栅、护栏网、防护网等
3629	其他交通设施	1 品种 2 规格	套	
3635	路面材料	1 品种 2 厚度 3 配比 4 施工方法	t/m³	包含乳化石油沥青、改性乳化石油沥青、稀浆封层混合料、抗裂贴、标线涂料等

编码	类别名称	特征	单位	说明
3641	路基材料	1 品种 2 厚度 3 配比	t/m³	包含巨粒土（级配砾石混合料）、石质土、砂土等
37	**轨道交通专用材料**			
3701	钢轨	1 品种 2 材质 3 总长度(m) 4 比重（kg/m）	根/t	包含轻轨、重轨、起重钢轨
3705	轨枕（岔枕）	1 品种 2 材质 3 规格 4 长度	组/块/套	包含钢筋混凝土、木质、特种混凝土等轨枕
3707	道岔	1 品种 2 材质 3 代号 4 比重	组	包含单开道岔、双开道岔、三开道岔、复式交叉道岔等
3709	轨道用辅助材料	1 品种 2 规格 3 材质	块/套/个	包含防爬器、防爬杆、护栏、单向伸缩调节器、双向伸缩调节器、滑动式车挡、固定车挡、信号标志、垫板等
3711	轨道用工器具	1 品种 2 规格 3 参数描述	台/套/个	包含手板钻、双轨阻车器、单轨阻车器、液压弯轨机、立式扳道器、齿条式起道机、断轨急救器等
3721	道口信号器材	1 品种 2 规格	台/套/个	包含信号标志、信号机梯子、道口信号机、道口控制盘、道口收发器、道口控制箱、道口闪光器、设备支架、电动栏木、语言报警器、道口器材箱等

编码	类别名称	特征	单位	说明
3723	信号线路连接附件	1 品种 2 规格 3 材质	块/套/个	包含接触线固定夹板、接地膨胀连接板、头挂环、接头扣板、中间扣板、电缆托板(三线)、电缆托板、托板托架、电缆固定架、固定底座、跳线肩架、铜连接板、避雷器连接板、电缆固定夹、电缆固定夹板、电缆固定抱箍、单耳连接器、承锚抱箍、接地线、接地夹、规矩杆安装装置、腕臂及支柱装配配件等
3725	车载定位装置		套	配件包含定位管、定位器等
3727	其他轨道信号器材		块/套/个	包含接触线、接地模块、接线模块、卡接式接线模块、接地极、模拟盘、防爬器、匹配单元、交叉板、告知板等
3731	车载设备配线装置	1 品种 2 规格	套	包含 ATP／ATO 车载设备配线及连接电缆、车载测速校准设备配线及连接电缆、车载天线设备配线及连接电缆、司机操作显示单元设备配线及连接电缆等
3733	接触网零配件	1 品种 2 规格 3 材质	套	包含接触悬挂装置、支撑装置等
40	装配式构件			此类构件均为在装配式建筑中所使用的成品构件
4001	重钢构件	1 品种 2 规格 3 单体重量	t	
4011	轻钢构件		t	
4021	钢筋混凝土构件	1 品种 2 规格 3 强度等级 4 含钢量	m³	

编码	类别名称	特征	单位	说明
4031	木构件	1 品种 2 规格	m/ m²/m³	
4041	复合材质构件	1 品种 2 规格 3 材质	m/ m²/m³	
50	通风空调设备			
5001	成套通风空调装置	1 品种 2 制冷量 3 制热量 4 制冷工况 5 制热工况 6 制冷剂 7 外形尺寸	套	
5003	空调器	1 品种 2 制冷量 3 制热量 4 风量 5 电源 6 产品功率 7 外形尺寸	台/套	包含吊顶式、落地式、墙上式、窗式、组装式等
5005	冷热水机组	1 品种 2 制冷量 3 冷却水流量 4 冷冻水流量 5 制冷剂 6 电源 7 外形尺寸	台	又称新风机组、空调风柜
5006	冷却塔	1 品种 2 冷却水流量 3 风量 4 风机直径 5 塔高 6 性能 7 重量 8 塔体最大外径		包含逆流式冷却塔和横流式冷却塔、混流式冷却塔

编码	类别名称	特征	单位	说明
5009	压缩机	1 品种 2 电机转速 3 排气量 4 吸、排气压力 5 电机功率 6 冷却方式 7 外形尺寸	台	包含活塞式压缩机、回转式压缩机、离心式压缩机、轴流式压缩机、混流式压缩机
5011	空气幕	1 品种 2 转速 3 出口风速 4 风量 5 功率 6 风机叶轮直径 7 送风形式 8 噪声 9 出口风温 10 外形尺寸	台	包含贯流式、离心式、轴流式等
5013	空气加热、冷却器	1 品种 2 基管材质 3 肋片材质 4 换热器长度 5 换热器宽度 6 换热量 7 翅片管根数 8 散热面积 9 冷却面积	台	
5015	换热器（蒸发器、冷凝器）	1 品种 2 换热量 3 风量 4 进出口直径 5 长度 6 片距 7 孔数 8 排数 9 换热面积 10 介质温度 11 工作环境条件	台	

编码	类别名称	特征	单位	说明
5017	空调配件	1 品种 2 阀体材质 3 工作压力 4 接口尺寸 5 使用环境	台	
5019	诱导器	1 品种 2 转速 3 诱导风量 4 流量 5 出口风速 6 功率 7 水盘接口 8 噪声	台	
5023	喷雾室	1 品种 2 雾化器转速 3 塔体直径 4 雾化盘直径 5 塔体高度 6 喷雾形式 7 水分蒸发量 8 结构形式	台	
5025	净化过滤设备	1 品种 2 风速 3 喷嘴口径及数量 4 电源 5 功率 6 过滤效率 7 洁净等级 8 风淋时间	台	
5027	其他	1 品种 2 型号	台	
5029	通风机	1 品种 2 转速 3 风量 4 叶轮直径 5 功率 6 全压	台	包含离心式通风机、轴流式通风机等

编码	类别名称	特征	单位	说明
5031	鼓风机	1 品种 2 转速 3 风量 4 流量 5 功率 6 压力（风压）	台	
5033	吊风扇、壁扇	1 品种 2 风量 3 扇叶直径 4 额定电压 5 功率 6 频率	台	
5035	排气扇、换气扇	1 品种 2 风量 3 类型 4 扇叶直径 5 额定电压 6 功率 7 材质 8 适用面积 9 噪声		
5037	台扇、落地扇	1 品种 2 风速 3 风量 4 扇叶直径 5 额定电压 6 电流 7 功率 8 风挡 9 噪声	台	
5039	变速器	1 品种		
5041	其他通风器材	2 型号		

编码	类别名称	特征	单位	说明
51	泵、供水设备			
5101	离心式水泵	1 品种 2 吸入口直径 3 排出口直径 4 叶轮名义直径 5 流量 6 转速 7 扬程 8 电动机功率 9 泵级 10 结构形式 11 吸入方式	台	包含排水泵、清水泵、锅炉给水泵、热水循环泵等
5103	离心式油泵	1 品种 2 吸入口直径 3 叶轮直径 4 流量 5 转速 6 扬程 7 电动机功率 8 泵级 9 结构形式 10 吸入方式	台	包含冷油泵、热油泵、液态烃泵、油浆泵
5105	离心式耐腐蚀泵	1 品种 2 吸入口直径 3 排出口直径 4 流量 5 扬程 6 电动机功率 7 泵体材质 8 结构形式	台	包含耐腐蚀金属泵和非金属泵
5107	离心式杂质泵	1 品种 2 吸入口直径 3 排出口直径 4 叶轮直径 5 流量 6 转速 7 扬程 8 电动机功率 9 泵轴位置	台	包含泥浆泵、灰渣泵、砂泵、煤水泵等

编码	类别名称	特征	单位	说明
5109	轴流泵	1 品种 2 排出口直径 3 流量 4 转速 5 扬程 6 电动机功率 7 比转速 8 泵轴位置 9 叶片调节形式	台	
5110	混流泵	1 品种 2 吸入口直径 3 排出口直径 4 流量 5 转速 6 扬程 7 电动机功率 8 汽蚀余量	台	包含蜗壳式混流泵、立式混流泵
5111	旋涡泵	1 品种 2 吸入口直径 3 叶轮直径 4 流量 5 转速 6 扬程 7 比转速 8 效率 9 结构形式	台	
5113	往复泵	1 品种 2 活塞直径 3 活塞行程 4 额定流量 5 电动机功率 6 额定输入功率 7 额定排出压力 8 往复次数 9 驱动方式	台	包含活塞泵往复泵、柱塞泵往复泵、隔膜泵往复泵等

编码	类别名称	特征	单位	说明
5115	转子泵	1 品种 2 转子直径 3 进出口口径 4 吸入法兰通径 5 流量 6 转速 7 电机功率 8 轴功率 9 压力	台	包含单螺杆转子泵、双螺杆转子泵、三螺杆转子泵、齿轮转子泵等
5117	计量泵	1 品种 2 额定流量 3 电源 4 电机功率 5 最大压力 6 接口尺寸 7 冲程次数	台	包含液压隔膜式计量泵、机械隔膜式计量泵、柱塞式计量泵等
5119	真空泵	1 品种 2 吸入口直径 3 排出口直径 4 转速 5 电机功率 6 抽气速率	台	包含往复式真空泵、旋片式真空泵、水环悬臂式真空泵、回转式真空泵等
5123	射流泵	1 品种 2 流量 3 扬程 4 功率 5 外形尺寸	台	包含液体射流泵、气体射流泵
5125	气体扬水泵	1 品种 2 流量 3 转速 4 扬程 5 功率	台	

编码	类别名称	特征	单位	说明
5127	水锤泵	1 品种 2 流量 3 转速 4 扬程 5 电机功率 6 汽蚀余量 NPSH 7 效率	台	包含直流水锤泵站、交流水锤泵站
5129	电磁泵	1 品种 2 吸程 3 流量 4 转速 5 扬程 6 额定电压 7 功率 8 压力	台	
5131	水轮泵	1 品种 2 流量 3 转速 4 扬程 5 电动机功率	台	
5133	其他泵	1 品种 2 流量 3 转速 4 扬程 5 电动机功率	台	包含手摇泵、过滤泵、污水提升器
5135	泵专用配件	1 品种 2 直径 3 材质 4 形式	个	包含叶轮、轴、密封、底阀
5139	供水设备	1 品种 2 供水管径 3 罐规格 4 流量/供水量 5 主泵扬程 6 小泵扬程 7 主泵功率 8 工作压力 9 参考户数	套	包含无负压供水设备、无塔供水设备、恒压供水设备等

続表

編码	类别名称	特征	单位	说明
5141	供水控制柜	1 品种 2 外形尺寸 3 电频功率 4 额定电流 5 用途 6 操作方式 7 控制方式 8 恒压精度 9 防护等级	套	
52	**热水、采暖锅炉设备**			
5201	热水器、开水炉	1 品种 2 电源（电压/频率） 3 额定电流 4 功率 5 工作压力 6 容量 7 开水量 8 燃气消耗量 9 额定产热水能力 10 热效率	台	包含贮水式电热水器、即热式电热水器、强制排气式燃气快速热水器等
5203	沸水器	1 品种 2 电源（电压/频率） 3 容积 4 使用燃气种类 5 燃料消耗量 6 热效率 7 外形尺寸	台	包含燃气沸水器、电沸水器、太阳能沸水器
5205	冷热水混合器	1 品种 2 进口/出口口径 3 最大出水量 4 材质 5 工作压力 6 热水温度 7 混水调温范围 8 设备尺寸	台	

317

编码	类别名称	特征	单位	说明
5207	热交换器	1 品种 2 公称直径 3 换热管规格 4 换热管长度 5 板片/管材质 6 工作压力 7 板片形状	台	包含弯管式换热器、直管式换热器、波纹板换热器、螺旋板换热器等
5209	采暖炉	1 品种 2 电源 3 功率 4 工作压力 5 燃气种类 6 燃料消耗量 7 热效率 8 供暖面积 9 外形尺寸	台	包含燃气采暖炉、电采暖炉、燃煤采暖炉、燃油采暖炉
5211	成套水暖装置	1 品种	台/套	
5213	其他水暖设备		台/套	包含浴霸
5221	热水锅炉	1 品种 2 电源（电压/频率） 3 额定热功率 4 额定压力 5 燃料消耗（燃煤/燃油/燃气/电） 6 蒸发量 7 给水温度 8 出水/回水温度 9 用途	台/套	包含燃煤热水锅炉、电热水锅炉、燃气燃油热水锅炉、燃油热水锅炉
5223	蒸汽锅炉	1 品种 2 蒸汽压力 3 燃料消耗（燃煤/燃油/燃气/电） 4 蒸发量 5 工质流动方式 6 给水温度 7 蒸汽温度 8 用途	台/套	包含燃油燃气蒸汽锅炉、电蒸汽锅炉、燃煤蒸汽锅炉、燃油蒸汽锅炉

编码	类别名称	特征	单位	说明
5229	其他锅炉设备	1 品种 2 规格	台/套	包含补水箱、定压罐
53	**水处理及环保设备**			
5301	水处理成套设备	1 品种 2 进出口管径 3 适应水量 4 功率 5 工作压力 6 外形尺寸	套	包含水质处理站、离子群处理机组、旁流水处理系统、中水处理设备、中水净化器等
5303	格栅类挡污设备	1 品种 2 宽度 3 电机功率 4 形式 5 安装角度 6 有效栅宽×有效栅隙	套	包含机械格栅、人工格栅、水利清除格栅等
5305	水软化设备	1 品种 2 公称直径 3 产水量 4 本体材质 5 树脂罐个数 6 树脂填装量 7 盐罐个数 8 盐耗 9 外形尺寸	套	包含钠离子交换软水器、阴阳离子交换器、阳离子交换器、阴离子交换器等
5307	水垢处理设备	1 品种 2 进出口管径 3 处理水量 4 功率 5 本体材质 6 工作压力 7 外形尺寸	套	包含内磁水处理器、高频电磁场电子式水处理器、高压静电场电子式水处理器等

编码	类别名称	特征	单位	说明
5309	灭菌消毒/加药装置	1 品种 2 适用水量 3 发生量 4 加药量 5 功率 6 本体材质 7 外形尺寸		包含臭氧自洁消毒器/发生器、二氧化氯消毒器、紫外线消毒器等
5311	过滤设备	1 品种 2 进出口管径 3 处理水量 4 本体材质 5 工作压力 6 过滤介质 7 过滤精度 8 结构形式 9 反冲洗形式 10 外形尺寸	台	包含介质过滤器、网式过滤器、滤芯式过滤器
5313	膜与膜设备	1 品种 2 进出口管径 进水 出水 3 产水量 4 功率 5 本体材质 5 工作压力 6 形式 7 膜组件尺寸	套	包含微滤膜及装置、超滤膜及装置、纳滤膜及装置、反渗透膜及装置等
5315	曝气设备	1 品种 2 转速 3 充氧量 4 进气量 5 电机功率 6 形式 7 外形尺寸	台	包含橡胶微孔曝气器、陶瓷微孔曝气器、旋混式曝气器、旋流式曝气器等

编码	类别名称	特征	单位	说明
5317	气浮设备	1 品种 2 处理量 3 驱动电机功率 4 加药搅拌功率 5 溶气系统功率 6 形式 7 水力停留时间	台	包含吸气气浮设备、射流溶气气浮设备、扩散气浮设备等
5319	除气设备	1 品种 2 直径 3 填料高度 4 本体材质 5 工作压力 6 除氧水箱容积 7 工作温度	台	包含除碳器、真空除氧器、全自动真空脱气机等
5321	除污除砂排泥设备	1 品种 2 线速度	台	
5323	污泥脱水设备	3 适用池径 4 适用池深 5 驱动功率	台	
5327	生化反应器	1 品种 2 处理水量 3 本体材质 4 形式 5 工艺	台	
5329	油水分离装置	1 AQ 额定处理量 2 材质 3 加热方式 4 排油方式 5 分离精度 6 外形尺寸	台	
5330	毛发聚集器	1 接管口径 2 主体规格 3 主体高度 4 最大流量 5 材质	台	

编码	类别名称	特征	单位	说明
5331	填料	1 品种 2 规格 3 材质 4 形状 5 比表面积 6 空隙率 7 材料比重	台	包含软性纤维填料、半软性填料、内置式悬浮填料、复合型填料等
5333	过滤材料	1 品种 2 粒度 3 厚度 4 比表面积 5 堆积密度 6 粒径范围	台	包含磁铁矿滤料、沸石滤料、果壳滤料、活性炭滤料等
5337	除尘设备	1 品种 2 处理风量 3 过滤风速 4 过滤面积 5 滤袋数量 6 外形尺寸	台	包含重力除尘设备、惯性除尘器、离心除尘设备、袋式除尘器等
5339	垃圾处理设施	1 品种 2 破碎粒度 3 处理量 4 总功率 5 结构形式 6 驱动形式 7 外形尺寸	台	包含垃圾破碎机、破袋机
5343	环保厕所	1 品种 2 房体材质 3 外形尺寸	台	包含循环水环保生态卫生间、泡沫封闭式卫生间、免水冲打包式卫生间等
5345	噪声防护设施	1 品种 2 隔音量 3 屏板材质	台	
5347	其他环保设备	1 品种	台	包含水锤消除器、输送机等

编码	类别名称	特征	单位	说明
54	厨房设备			
5401	冷藏、冷冻柜(库)	1 品种 2 外形尺寸 3 电源 4 日耗电量 5 制冷方式 6 总有效容积 7 能效等级 8 结构类型	台	包含电冰箱、冰柜、冷库、雪柜等
5403	展示柜、保鲜柜	1 品种 2 外形尺寸 3 电源 4 功率 5 制冷方式		包含保鲜展示柜、风幕柜、保鲜工作台等
5405	餐柜		套	包含贮藏柜、食品柜、吊柜、纱网贮藏柜、陈列柜等
5407	餐架	1 品种 2 外形尺寸 3 材质	套	包含挂鸭架、热水器架、四层炒勺架、蒸笼架等
5409	餐车		只	包含馒头架子车、保温餐车、残食车、暖瓶车等
5415	洗碗机	1 品种 2 外形尺寸 3 功耗 4 洗涤方式 5 干燥方式 6 杀菌方式 7 洗净度	套	包含传送带式洗碗机、台式洗碗机、柜式洗碗机、超声波洗碗机
5417	消毒柜	1 品种 2 外形尺寸 3 功率 4 容积 5 消毒温度 6 烘干方式	台	包含电热消毒柜、臭氧消毒柜、臭氧加紫外线消毒柜、组合型食具消毒柜、蒸汽消毒柜等

编码	类别名称	特征	单位	说明
5419	洗刷台、洗刷柜	1 品种 2 外形尺寸 3 槽数 4 材质		包含洗刷台、洗刷柜、墩布池
5421	盆台	1 品种 2 外形尺寸 3 材质	套	包含单星盆台、双星盆台
5423	操作台、操作柜	1 品种 2 外形尺寸 3 抽屉数 4 材质		包含快餐售饭台、四格保温售饭台、面案工作台、残食台等
5425	小型食品加工机械	1 品种 2 外形尺寸 3 电压 4 功率		包含卧式和面机、立式和面机、揉面机、面条机等
5427	炉具	1 品种 2 电压 3 功率 4 材质	台	包含肠粉炉、蒸炉、烤鸭炉、烤猪炉等
5429	灶具	1 品种 2 外形尺寸 3 炉头规格 4 燃料 5 耗气量		包含单眼煤气灶、单眼低汤灶、双眼低汤灶、双眼煤气灶等
5431	烤箱及蒸具	1 品种 2 外形尺寸 3 功率	套	
5433	餐桌、餐椅	1 品种 2 外形尺寸 3 材质	套	
5437	吸油烟机	1 品种 2 外形尺寸 3 电压 4 功率 5 材质 6 安装位置	套	

324

编码	类别名称	特征	单位	说明
5441	大型厨房设备	1 品种 2 外形尺寸	套	包含除冷藏室以外的食品存储设备、食品制备和烹调设备、食品传送和上菜设备等
5443	其他排烟设备		套	包含静电油烟过滤器、排烟罩、油烟净化器
55	电气设备及附件			
5501	成套配电装置	1 品种 2 配电装置形式	套	包含集装箱式配电室、高压成套配电柜、组合型成套箱式变电站
5503	电气屏类	1 品种 2 外形尺寸 3 额定电压等级 4 电流等级 5 输出回路数 6 分断能力 7 保护形式 8 防护等级	台	包含配电屏、直流屏、信号屏等
5505	电气柜类	1 品种 2 外形尺寸 3 额定电压 4 额定电流 5 断路器开断电流 6 使用条件：海拔高度 7 防护等级	套	包含中置柜、环网柜、固定柜、计算机联锁机柜、联锁接口柜、电缆交接箱等
5507	箱式变电站（预装式变电站）	1 品种 2 外形尺寸 3 高压侧电压等级 4 压侧电压等级 5 变压器容量 6 布置方式 7 进线方式	套	

编码	类别名称	特征	单位	说明
5509	配电箱	1 品种 2 外形尺寸 3 电压等级 4 额定电流 5 箱体材料 6 回路数 7 安装形式 8 防护等级	套	包含动力配电箱、照明配电箱、控制配电箱、插座开关箱、带电表配电箱等
5513	配电开关	1 品种 2 额定电压 3 额定电流 4 结构形式 5 机械寿命/电寿命		包含隔离开关、负荷开关、行程开关、主令开关等
5515	断路器	1 品种 2 外形尺寸 3 额定电压 4 额定电流 5 过电流脱扣额定电流 6 瞬时脱扣形式 7 极数	个	包含空气断路器、油断路器、真空断路器等
5517	互感器	1 品种 2 额定电压 3 额定电流 4 额定频率 5 准确度等级		包含油浸式电压互感器、电容式电压互感器、环氧树脂浇注电压互感器、气体式电压互感器等
5519	调压器、稳压器	1 品种 2 额定输入、输出电压 3 电压等级 4 额定输出电流 5 空载电流 6 负载功率 7 额定容量 8 稳压精度	台	包含接触调压器（环式、柱式）、感应调压器、磁性调压器、移圈调压器等

编码	类别名称	特征	单位	说明
5521	电抗器、电容器	1 品种 2 额定电压 3 额定电流 4 热稳定电流（短时电流） 5 动稳定电流（峰值电流） 6 额定电抗 7 额定容量 8 单相损耗	台	包含干式限流电抗器、干式并联电抗器、干式串联电抗器、油浸式串联电抗器、平波电抗器等
5523	接触器	1 品种 2 额定工作电压 3 额定绝缘电压 4 吸引线圈额定电压 5 额定工作电流 6 约定发热电流 7 额定操作频率 8 通断能力（接通、分断）	个	包含直流接触器、电磁式交流接触器、交流真空接触器
5525	起动器	1 品种 2 额定电压 3 吸引线圈额定电压 4 额定电流 5 功率 6 功率因数 7 寿命（电、机械）	个	包含手动起动器、电磁起动器、手动星三角起动器、自动星三角起动器等
5527	电气控制器	1 品种 2 额定电压 3 额定电流 4 功率 5 额定工作频率 6 通断能力（接通、分断） 7 控制回路数	个	包含交流凸轮控制器、主令控制器

编码	类别名称	特征	单位	说明
5529	继电器	1 品种 2 额定工作电压 3 吸合电流 4 释放电流 5 触点切换电压和电流 6 直流电阻	台	包含集装箱式配电室、组合型成套箱式变电站、高压成套配电柜、直流电磁继电器等
5530	中继器	1 品种 2 接口特性 3 传输介质 4 传输距离 5 传输速率 6 防护等级	台	
5531	电阻器、分流器	1 品种 2 额定功率 3 标称阻值 4 电阻器材料 5 允许误差	套/个	包含碳膜电阻器、金属膜电阻器、金属氧化膜电阻器、合成膜电阻等
5533	电磁器件	1 品种 2 额定工作电压 3 额定吸力 4 额定行程 5 消耗功率（吸持、起动） 6 操作频率 7 回转角、转矩 8 吸合时间 9 释放时间 10 通电持续率	台	包含牵引电磁铁（拉动式、推动式）、制动电磁铁、起重电磁铁等
5535	整流器	1 品种 2 型号 3 直流电压 4 整流器类型 5 元件并联数 6 冷却方式 7 外形尺寸	台	包含二极管整流器、晶闸管整流器等

编码	类别名称	特征	单位	说明
5539	电笛、电铃	1 品种 2 额定电压 3 功率 4 响度 5 防爆标志 6 防护等级	台/个	包含普通型电笛、普通型电铃、防爆型电笛、防爆型电铃
5541	蓄电池及附件	1 品种 2 额定电压 3 起动电流 4 时率 5 额定容量 6 电解液密度 7 蓄电池质量	节	包含铅酸蓄电池、碱性蓄电池、镉镍蓄电池、锌银蓄电池等
5543	变压器	1 品种 2 额定功率 3 额定电压 4 额定频率 5 电压调整率 6 重量		包含油浸式变压器、干式变压器、升（降）压变压器、增压变压器等
5545	电动机	1 品种 2 转速 3 额定电压 4 额定电流 5 额定功率 6 频率	台	包含电磁式直流电动机、永磁式直流电动机、无刷直流电动机、单相异步电动机等
5547	发电机	1 品种 2 外形尺寸 3 缸径 4 缸径×行程 5 排量 6 常用、备用功率 7 燃料消耗量		包含直流发电机、汽轮发电机、贯流式水轮发电机、柴油发电机等
5548	电能储能式系列	1 品种 2 储能方式 3 规格、输出功率		包含光伏设备、风能设备、水能设备、生物能设备、核能设备等
5549	其他电气设备	1 品种 2 规格		包含变压器固定压板、开关箱固定板、扩音通话柱、自耦装置等

编码	类别名称	特征	单位	说明
56	电梯			
5601	乘客电梯	1 额定速度 2 额定载重量 3 额定人数 4 层站数 5 最大提升高度 6 轿厢尺寸 7 驱动方式	部	包含液压电梯、交流电梯、直流电梯等
5603	载货电梯	1 额定速度 2 额定载重量 3 层门 4 层站数 5 最大提升高度 6 轿厢尺寸 7 驱动方式	部	包含液压电梯、交流电梯、直流电梯等
5605	杂物电梯	1 品种 2 额定速度 3 额定载重量 4 电机功率 5 层门 6 最高层站 7 轿厢尺寸 8 驱动方式	部	包含液压电梯、交流电梯、直流电梯等
5607	住宅电梯	1 额定速度 2 额定载重量 3 额定人数 4 层门 5 层站数 6 最大提升高度 7 开门方式 8 轿厢尺寸 9 驱动方式	部	包含液压电梯、交流电梯、直流电梯等

编码	类别名称	特征	单位	说明
5609	客货两用电梯	1 额定速度 2 额定载重量 3 层站数 4 最大提升高度 5 开门方式 6 层门尺寸 7 轿厢尺寸 8 驱动方式	部	包含液压电梯、交流电梯、直流电梯等
5611	病床电梯	1 额定速度 2 额定载重量 3 层站数 4 最大提升高度 5 层门尺寸 7 轿厢尺寸 8 驱动方式	部	包含液压电梯、交流电梯、直流电梯等
5613	观光电梯	1 额定速度 2 额定载重量 3 额定人数 4 层站数 5 最大提升高度 6 层门尺寸 7 轿厢尺寸 8 驱动方式	部	包含液压电梯、交流电梯、直流电梯等
5615	船用电梯	1 额定速度 2 额定载重量 3 额定人数 4 电机功率 5 操作控制方式 6 驱动方式 7 轿厢尺寸	部	包含液压电梯、交流电梯、直流电梯等

编码	类别名称	特征	单位	说明
5617	汽车电梯	1 额定速度 2 额定载重量 3 最大提升高度 4 轿厢尺寸 5 驱动方式	部	包含液压电梯、交流电梯、直流电梯等
5619	自动扶梯	1 额定速度 2 阶梯宽度 3 提升高度 4 电机功率 5 驱动方式 6 倾斜角度	部	
5621	别墅电梯	1 额定速度 2 额定载重量 3 额定人数 4 额定功率 5 轿厢尺寸 6 驱动方式	部	包含液压电梯、交流电梯、直流电梯等
5623	自动人行道	1 品种 2 额定速度 3 阶梯宽度 4 提升高度 5 最大长度 6 输送能力 7 倾斜角度	部	
5624	无机房电梯	1 额定速度 2 额定载重 3 额定人数 4 电机功率 5 轿厢尺寸 6 驱动方式	部	包含液压电梯、交流电梯、直流电梯等
5625	其他电梯	1 额定速度 2 额定载重量 3 电机功率	部	包含液压电梯、交流电梯、直流电梯等
5631	电梯机械配件	1 品种 2 规格	套	包含曳引机、钢丝绳、限速器、导轨、轿厢等
5633	电梯电气装置			包含接触器、控制器、显示器等

57	安防及建筑智能化设备			
5701	入侵报警设备	1 品种 2 探测器类型	台	
5703	出入口控制设备			
5705	安全检查设备			
5707	电视监控设备			包含单头单尾电视监控设备、多头单尾电视监控设备、多头多尾电视监控设备
5709	终端显示设备			包含字符显示终端、汉字显示终端、图形显示终端、图像显示终端
5711	楼宇对讲系统	1 品种 2 规格	套	
5713	电子巡更系统			包含线式电子巡更系统、接触式巡更巡检系统、非接触巡更巡检系统(也称感应式巡更巡检系统)
5715	其余安防设备			
5721	楼宇多表远传系统			包含电力载波集中抄表系统、集中式远程总线抄表系统
5723	楼宇自控系统			包含周边防盗报警系统、闭路电视监控系统、保安巡更签到系统、出入口管理控制系统等
5725	门禁系统			包含非接触 IC 卡门禁系统、生物识别门禁系统、密码门禁系统等
5727	停车场管理系统			包含内部停车场管理系统、收费停车场管理系统、智能停车场管理系统等
5729	综合布线系统			包含结构化布线系统、开放式结构化综合布线系统

编码	类别名称	特征	单位	说明
5731	计算机网络设备		台	包含计算机网络局域网系统、计算机网络广域网系统、网络服务器设备、网络操作系统
5733	有线电视、卫星电视系统	1 品种 2 规格		包含计算机网络局域网系统、计算机网络广域网系统、网络服务器设备、网络操作系统
5735	扩声、背景音乐系统		套	包含广播、音响系统、多功能厅的扩声系统、卡拉OK、歌舞厅的音响系统
5737	微波无线接入设备	1 品种 2 类别 3 回路数 4 用户站数量	台	包含微波窄带无线接入系统基站设备、微波窄带无线接入系统用户站设备、微波宽带无线接入系统基站设备、微波宽带无线接入系统用户站设备
5739	会议电话设备	1 品种 2 类别 3 语音通道数		包含交互式电话会议
5741	视频会议设备	1 品种	套	包含视频会议设备
5743	同声传译设备及器材			包含有线同声传译、无线同声传译、直接感应式同声传译
5745	其他智能化设备	1 品种 2 类别		包含决策性办公系统、管理型办公系统、事务型办公系统、存储型等
58	轨道交通专用设备			
5801	轨道综合监控系统SCADSA	1 系统组成 2 模块配置描述 3 参数要求	系统	包含计算机联锁系统CI、车载信息系统PIS、列车自动驾驶系统ATO、列车防护系统ATP、列车自动监控系统ATS、行车调度系统ATC、列车信号系统SIG、火灾报警系统FAS、电力监控系统SCADA等
5803	信号设备装置	1 品种 2 规格 3 材质	架/台	包含信号机、信号机柜、锁闭器安装装置、轨道电容器、轨道电力等

编码	类别名称	特征	单位	说明
5805	防雷设备装置	1 品名 2 型号 3 接入方式 4 工作电压 5 最大雷电通流量 6 雷击计数 7 额定放电电流	台	包含天线铁塔消雷器、针式消雷器、单相电源防雷箱、三相电源防雷箱等
5807	自动售检票系统AFC	1 系统组成 2 模块配置描述 3 参数要求	系统	包含售票机、检票机、票务机等设备
5809	行车智能化与控制系统		系统	
5811	轨道线路检测设备	1 品种 2 型号	台	包含线路检测设备、轨道状态测量仪等
5813	线路养护设备		台	包含拔道钉设备、除雪设备、防溜脱轨机、钢轨涂油漆设备等
5815	环境监控系统	1 系统组成 2 模块配置描述 3 参数要求	系统	
5817	客运信息系统		系统	包含终端等传输网络、媒体转播、软硬件系统及信息显示
59	**体育休闲设施**			
5901	田径设施	1 品种 2 类型 3 型号		包含塑胶跑道、塑胶铺装材料、塑胶跑道、起跑器等
5903	室内球馆设施			包含篮球架、排球网等
5905	室外球场设施	1 品种 2 规格 3 类型	套	
5907	游泳馆设施			包含游泳圈、游泳帽、游泳镜等
5909	水上游乐设施			包含水上步行球、跷跷板、救生圈等
5911	健身设施			包含上肢牵引器、三位弹振压腿器、跑跳横木等

编码	类别名称	特征	单位	说明
5913	保龄球设施	1 品种 2 类型		包含保龄球、保龄球球道、助跑道、保龄球球道油等
5915	滑雪溜冰设施			包含速滑冰刀、花样冰刀、冰球冰刀、高山板等
5917	攀岩设施			包含攀岩墙、攀岩架、指力板等
5919	其他体育休闲设施	1 品种 2 类型 3 型号		包含高尔夫球、球钉、高尔夫球打击垫等
80	**混凝土、砂浆及其他配合比材料**			
8001	水泥砂浆	1 用途 2 供应状态 3 配合比 4 强度等级	m³	包含砌筑水泥砂浆、抹灰水泥砂浆不同配合比例的砂浆
8003	石灰砂浆			
8005	混合砂浆			包含水泥石灰砂浆、砂混合砂浆、聚合物水泥砂浆、麻刀混合砂浆、水泥石英砂混合砂浆等
8007	特种砂浆			
8009	其他砂浆			
8011	灰浆、水泥浆	1 品种 2 配合比		包含石膏浆、水泥浆等
8013	石子浆			
8015	胶泥、脂、油			
8021	普通混凝土	1 品种 2 粗集料最大粒径 3 砂子级配 4 水泥强度 5 强度等级 6 坍落度 7 供应状态 8 输送形式		包含砾石混凝土、碎石混凝土、机制砂石混凝土等

编码	类别名称	特征	单位	说明
8023	轻骨料混凝土	1 品种 2 用途 3 强度等级 4 密度等级 5 供应状态		
8024	矿渣混凝土	1 品种 2 粗集料最大料径 3 砂子级配 4 水泥强度 5 强度等级 6 坍落度 7 供应状态 8 输送形成	m³	包含天然砂矿渣混凝土、机制砂矿渣混凝土等
8025	沥青混凝土	1 品种 2 规格 3 粗集料规格 4 性能 5 结合料		包含粗粒式沥青混凝土、中粒式沥青混凝土、细粒式沥青混凝土
8026	泡沫混凝土	1 品种 2 密度等级 3 强度等级 4 结构部位 5 吸水率		包含水泥泡沫混凝土
8027	特种混凝土	1 品种 2 强度等级及配合比 3 粗集料成分 4 性能 5 供应状态		
8028	自密实混凝土	1 品种 2 强度等级 3 抗渗等级 4 自密实等级 5 供应状态		

编码	类别名称	特征	单位	说明
8031	灰土垫层	1 品种 2 垫层厚度 3 配比	m³	包含炉渣、碎砖、碎石等的三合土、四合土等
8033	多合土垫层			
8035	其他垫层材料			
8037	外加剂	1 品种 2 规格 3 用途	m³/kg/t	包含混凝土外加剂、水泥外加剂、砂浆外加剂等
8039	其他配比材料	1 品种 2 用途 3 供应状态 4 配合比	m³	

附录 L 工程造价技术经济指标采集数据元素描述

L.1 建设项目

L.1.1 建设项目元素的属性应符合表 L.1.1 的规定。

表 L.1.1 建设项目属性

名称	类型	必填	备注
标准号	xs:string	是	描述本标准的标准号
版本号	xs:string	是	描述为 V1.0

L.1.2 建设项目元素的结构应符合图 L.1.2 的规定。

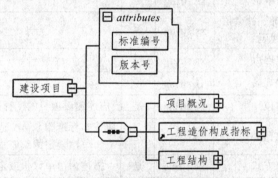

图 L.1.2 建设项目结构图

L.2 项目概况

L.2.1 项目概况元素的属性应符合表 L.2.1 的规定。

表 L.2.1 项目概况属性

名称	类型	必填	备注
项目编号	xs:string	否	—
项目名称	xs:string	是	—
标段名称	xs:string	是	若无标段划分，填写"/"
工程类别	xs:string	是	应按本标准附录 B 工程类别规定的编码描述
建设单位	xs:string	是	—
建设单位统一社会信用代码	xs:string	否	—
施工单位	xs:string	否	—
施工单位统一社会信用代码	xs:string	否	—
编制单位	xs:string	是	—
编制单位统一社会信用代码	xs:string	否	—
工程地点	xs:string	是	—
工程规模	xs:string	是	—
单位	xs:string	是	描述建设项目的工程规模单位
造价数据类型	xs:int	是	应按本标准附录 A 造价数据类型规定的编码描述
计价方式	xs:string	是	描述为清单计价或定额计价

L. 2. 2 项目概况元素的结构应符合图 L.2.2 的规定。

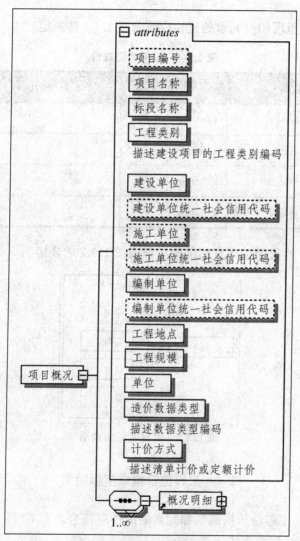

図 L.2.2　项目概况结构图

L.3 概况明细

L. 3. 1 概况明细元素的属性应符合表 L.3.1 的规定。

表 L.3.1　概况明细属性

名称	类型	必填	备注
编码	xs:string	是	—
名称	xs:string	是	—
描述	xs:string	是	—
备注	xs:string	否	—

L. 3. 2 概况明细元素的结构应符合图 L.3.2 的规定。

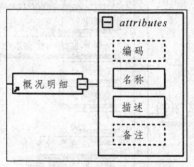

图 L.3.2　概况明细结构图

L.4 工程造价构成指标明细

L. 4. 1 工程造价构成明细元素的属性应符合表 L.4.1 的规定。

表 L.4.1　工程造价构成明细属性

名称	类型	必填	备注
编码	xs:string	是	—
名称	xs:string	是	—
金额	xs:decimal	是	—
设备费	xs:decimal	否	—
安装费	xs:decimal	否	—
指标	xs:decimal	是	—
占比	xs:decimal	是	—
备注	xs:string	否	—

L.4.2　工程造价构成明细元素的结构应符合图 L.4.2 的规定。

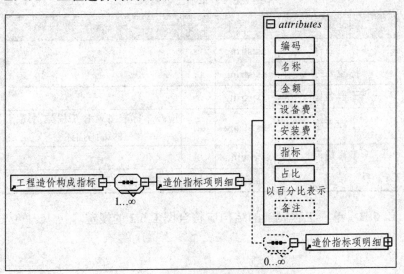

图 L.4.2　工程造价构成明细结构图

L.5 工程结构

L.5.1 工程结构元素的结构应符合图 L.5.1 的规定。

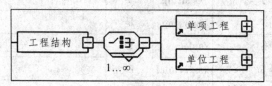

图 L.5.1　工程结构结构图

L.6 单项工程

L.6.1 单项工程元素的属性应符合表 L.6.1 的规定。

表 L.6.1　单项工程属性

名称	类型	必填	备注
项目名称	xs:string	否	—
标段名称	xs:string	否	—
工程名称	xs:string	是	—
工程类别	xs:string	是	应按本标准附录 B 工程类别规定的编码描述
工程规模	xs:decimal	是	—
单位	xs:string	是	描述单项工程的规模单位

L.6.2 单项工程元素的结构应符合图 L.6.2 的规定。

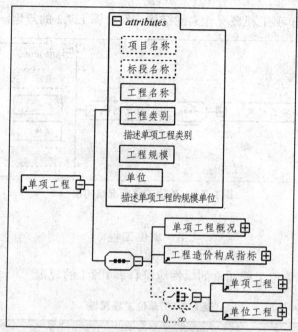

图 L.6.2　单项工程结构图

L.7　单项工程概况

L. 7. 1　单项工程概况元素的属性应符合表 L.7.1 的规定。

表 L.7.1　单项工程概况属性

名称	类型	必填	备注
编码	xs:string	否	—
名称	xs:string	是	—
描述	xs:string	是	—
备注	xs:string	否	—

L.7.2 单项工程概况元素的结构应符合图 L.7.2 的规定。

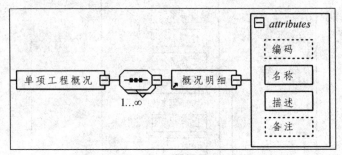

图 L.7.2 单项工程概况结构图

L.8 单位工程

L.8.1 单位工程元素的属性应符合表 L.8.1 的规定。

表 L.8.1 单位工程属性

名称	类型	必填	备注
项目名称	xs:string	否	—
标段名称	xs:string	否	—
工程名称	xs:string	是	—
工程类别	xs:string	否	应按本标准附录 B 工程类别规定的编码描述
工程专业	xs:string	是	描述单位工程的专业
工程规模	xs:decimal	是	描述单位的工程规模
单位	xs:string	是	描述单位的工程规模单位

L.8.2 单位工程元素的结构应符合图 L.8.2 的规定。

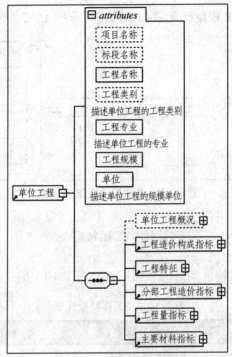

图 L.8.2　单位工程结构图

L.9　单位工程概况

L.9.1　单位工程概况元素的属性应符合表 L.9.1 的规定。

表 L.9.1　单位工程概况属性

名称	类型	必填	备注
编码	xs:string	否	—
名称	xs:string	是	—
描述	xs:string	是	—
备注	xs:string	否	—

L. 9. 2 单位工程概况元素的结构应符合图 L.9.2 的规定。

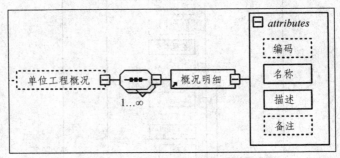

图 L.9.2 单位工程概况结构图

L.10 工程特征

L. 10. 1 工程特征元素的属性应符合表 L.10.1 的规定。

表 L.10.1 工程特征属性

名称	类型	必填	备注
编码	xs:string	否	—
特征名称	xs:string	是	—
特征内容	xs:string	是	—
备注	xs:string	否	—

L. 10. 2 工程特征元素的结构应符合图 L.10.2 的规定。

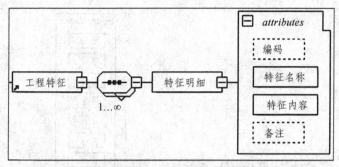

图 L.10.2　工程特征结构图

L.11　分部工程造价指标

L. 11. 1　分部工程造价指标元素的属性应符合表 L.11.1 的规定。

表 L.11.1　分部工程造价指标属性

名称	类型	必填	备注
编码	xs:string	是	—
名称	xs:string	是	—
金额	xs:decimal	是	—
设备费	xs:decimal	否	—
安装费	xs:decimal	否	—
指标	xs:decimal	是	—
占比	xs:decimal	是	—
备注	xs:string	否	—

L. 11. 2　分部工程造价指标元素的结构应符合图 L.11.2 的规定。

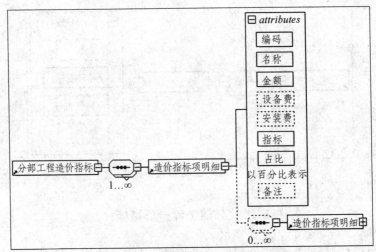

图 L.11.2 分部工程造价指标结构图

L.12 工程量指标

L.12.1 工程量指标元素的属性应符合表 L.12.1 的规定。

表 L.12.1 工程量指标属性

名称	类型	必填	备注
编码	xs:string	是	—
名称	xs:string	是	—
单位	xs:string	否	—
数量	xs:string	否	—
指标	xs:decimal	否	—
备注	xs:string	否	—

注:"工程量指标项明细"不包含子项"工程量指标项明细"的,应填写单位和工程量指标。

L. 12. 2 工程量指标元素的结构应符合图 L.12.2 的规定。

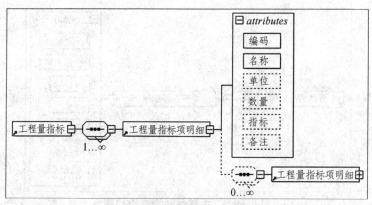

图 L.12.2　工程量指标结构图

L.13　主要材料指标

L. 13. 1 主要材料指标元素的属性应符合表 L.13.1 的规定。

表 L.13.1　主要材料指标属性

名称	类型	必填	备注
分类编码	xs:string	是	应按附录 K 建设工程材料分类及特征描述的编码描述
材料名称	xs:string	是	—
单位	xs:string	是	—
数量	xs:decimal	是	—
指标	xs:decimal	是	—
金额	xs:decimal	否	—
备注	xs:string	否	—

L.13.2 主要材料指标元素的结构应符合图 L.13.2 的规定。

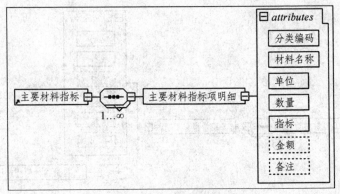

表 L.13.2　主要材料指标结构图

本标准用词说明

1 为便于在执行本标准条文时区别对待，对要求严格程度不同的用词说明如下：

　　1）表示很严格，非这样做不可的：

　　　　正面词采用必须，反面词采用严禁；

　　2）表示严格，在正常情况下均应这样做的：

　　　　正面词采用应，反面词采用不应或不得；

　　3）表示允许稍有选择，在条件许可时首先应这样做的：

　　　　正面词采用宜，反面词采用不宜；

　　4）表示有选择，在一定条件下可以这样做的，采用可。

2 本标准中指明应按其他有关标准、规范执行的写法为应符合……的规定或应按……执行。

引用标准名录

1 《中华人民共和国行政区划代码》GB/T 2260

2 《绿色建筑评价标准》GB/T 50378

3 《建设工程工程量清单计价规范》GB 50500

4 《建设工程分类标准》GB/T 50841

5 《建设工程人工材料设备机械数据标准》GB/T 50851

6 《工程造价术语标准》GB/T 50875

7 住房和城乡建设部、国家发展和改革委员会关于印发《城市轨道交通工程设计概算编制办法》的通知（建标〔2017〕89号）

8 《四川省建设工程工程量清单计价定额》

9 《四川省建设工程造价电子数据标准》DBJ51/T 048 – 2015

四川省工程建设地方标准

四川省建设工程造价技术经济指标
采集与发布标准

The collection and publication standard for technical and
economic indicators of construction project in Sichuan Province

DBJ51/T 096 – 2018

条 文 说 明

制定说明

  《四川省建设工程造价技术经济指标采集与发布标准》（DBJ51/T 096 – 2018），经四川省住房和城乡建设厅 2018 年 6 月 22 日以川建标发〔2018〕528 号公告批准发布。

  本标准编制组在进行广泛的调查研究，总结我国工程建设造价技术经济指标采集与发布实践经验的基础上，编制了本标准。

  为便于广大建设行政主管部门、建设单位、施工企业、咨询机构等单位有关人员在使用本标准时能正确理解和执行条文规定，《四川省建设工程造价技术经济指标采集与发布标准》编制组按章、节、条顺序编制了本标准的条文说明，对条文规定的目录、依据以及执行中需注意的有关事项进行说明。但是，本条文说明不具备与标准正文相同的法律效力，仅供使用者作为理解和把握标准规定的参考。

目　次

1 总 则

1.0.1 本条规定了制定本标准的目的。

1.0.2 本条规定了本标准的适用范围。

1.0.3 本条规定了本标准技术经济指标的数据收集对象为建设项目，以建设项目中的单位工程为基础进行数据分析。

1.0.4 本条说明了本标准与其他标准的关系。

3 基本规定

3.0.1 本条规定了本标准的工程地点划分。对现行国家标准《中华人民共和国行政区划代码》GB/T 2260 规定的四川省县级及以上的行政区域划分,应按数字码对工程地点进行描述,如:工程地点在成都市金牛区的,应描述为 510106。

3.0.2 本条规定了工程造价技术经济指标数据采集的工程计价数据应是清单计价或定额计价的数据格式。

3.0.3 本条规定了工程造价技术经济指标数据采集的数据类型范围。

3.0.4 对本条的规定说明如下:

   1 工程造价构成指标、分部工程造价指标、占比、工程量指标、材料用量指标的计算结果保留小数位数采用的规则是四舍五入规则;

   2 占比的计算结果应四舍五入后保留四位小数,再换算成百分数,如占比为 0.1055,转换为百分比为 10.55%。

3.0.5 工程造价构成指标应按照建设项目层级分别描述,在建设项目级时,应是所有单项工程的费用金额除以建设项目的工程规模得到;在单项工程级时,应是单项工程的所有单位工程的费用金额除以单项工程的工程规模得到;在单位工程级时,应是单位工程的费用金额除以单位工程的工程规模得到。

3.0.6 对本条的规定说明如下:

   1 本标准附录 C、附录 E 规定的描述方式及内容中要求描述面积、层数、户数、数量、高度、长度、宽度、厚度、深度、跨径、跨度、距离、层站、重量、速度、处理量、容量、遍数、夯击能量、注浆量、压强、胸径、直径、密度、粒径、地径、丛数的，应以数值方式填写；

    2 本标准附录 C、附录 E 的描述方式及内容规定了单位的，应按照规定在对工程概况、工程特征等内容描述时填写单位，如描述方式及内容为"描述面积+单位 m²"，应描述 5 000 m²。

3.0.7 本条规定了完整的指标数据应描述的内容范围。

4 工程类别及工程概况

4.1 一般规定

4.1.2 对本条的规定，说明如下：

1 工程概况指的是单项工程或单位工程需根据工程实际情况按本标准附录 C 的规定描述的内容；

2 在多种结构形式、材质等内容需要在工程概况中描述的，应分别描述，并以分号（；）隔开描述内容，如城市地下综合管廊工程在描述多种舱数及长度时，宜描述为"单舱面积 20 m², 3 km；双舱面积 35 m², 5 km；三舱面积 40 m², 8 km"；

3 需要按组成方式、空间顺序描述工程概况的，应按从左至右或从上至下的顺序方式描述，以加号（＋）分隔描述内容，如市政道路工程在描述路面组成的区域、宽度时，宜描述为"3.5 m 人行道＋7.0 m 辅道＋9.5 m 主辅分隔带＋16.0 m 主车道＋8.0 m 中央分隔带＋16.0 m 主车道＋9.5 m 主辅分隔带＋7.0 m 辅道＋3.5 m 人行道"。

4.1.3 装配率应先描述装配的结构形式，然后对该结构的装配率占比进行描述，如装配式木结构（装配率 60%）。

4.3 工程概况

4.3.1 建设项目的工程概况应是建设项目的整体情况，单项工程概况应按工程类别特性分别描述基本情况。

4.3.2 单项工程需要描述基本情况的，也可使用建设项目概况的内容补充完善描述内容。

4.3.3 建设项目的结构层次中不包含单项工程的，应直接在单位工程中按其单位工程所属的工程类别,描述单项工程概况。

5 工程专业

5.1 一般规定

5.1.1 工程专业是根据单位工程的使用功能、特性进行划分的。

5.2 工程专业划分

5.2.3 电气工程主要是指强电工程，弱电归属于智能化工程。

5.2.7 系统工程包括通信工程、信号工程、供电工程、综合监控（ISCS）工程、火警自动报警（FAS）工程、环境与设备监控（BAS）工程、安防与门禁工程、通风空调与供暖工程、给水与排水工程、消防工程、自动售检票（AFC）、站内客运设备工程、站台门工程、运营控制中心工程、人防及防淹门工程。

6 工程特征描述

6.1 一般规定

6.1.1 对本条内容说明如下：

1 描述方式及内容是对工程特征的描述方式或内容的规定，在对工程特征项目进行描述时，应按照固定的格式进行特征内容描述；

2 描述示例中所列举示例仅是部分类型、材质等内容的描述示例，示例中未列举的，应根据工程实际情况，按描述内容的要求进行描述；

3 有多种材质、种类等内容需要在工程特征中描述的，应分别描述，并以分号（；）隔开描述内容，如建筑特征中门、窗有多种材质时，宜描述为"木；塑钢"；

4 需要按施工方式、施工工艺描述工程特征的，应按从左至右或从上至下的顺序方式描述，以加号（＋）分隔描述内容，如建筑特征中防水采用了多种材质时，宜描述为"改性沥青防水卷材 2 mm＋橡化沥青防水涂料 1.5 mm＋聚乙烯丙纶卷材 1.5 mm"。

6.1.2 除实体外，还应包括影响价格且不予单列的措施等其他因素。

7 工程技术经济指标

7.1 一般规定

7.1.2 主要材料消耗量进行归类划分时，应按本标准附录 K 规定的编码所对应的材料类别，结合说明中描述的内容进行划分。

8 工程造价技术经济指标采集

8.1 一般规定

8.1.1 本条规定了工程造价技术经济指标数据的采集与交换格式采用的存储格式。

8.1.2 本条规定了工程造价技术经济指标数据的采集与交换格式应按本章规定的结构形式，对工程概况、工程造价构成指标、工程特征、分部工程造价指标、主要工程量指标、主要材料消耗量指标进行描述。

8.1.3 本条规定了本标准工程造价技术经济指标数据的采集与交换格式内容的共性要求。

8.1.4 本条规定了本标准工程造价技术经济指标数据的采集与交换格式的电子数据文件扩展名为 cjzb，所有数据类型的数据文件均采用同一个扩展名。

8.1.5 本条规定了与本标准配套的 XML Schema 定义文件"四川省建设工程造价技术经济指标采集标准.xsd"独立存储，与本标准同时发布、实施，工程造价技术经济指标采集数据 cjzb 文件应符合 XSD 文件的约束。

9 工程造价技术经济指标发布

9.2 工程造价技术经济指标发布

9.2.2 建设项目也可直接是单位工程。

9.2.3 单项工程概况应按其工程类别分别发布。

9.2.4 发布的工程特征应按单项工程包含的单位工程所属专业分别描述特征内容。

9.2.5 对本条规定的说明如下：

1 金额是指每个费用项目的造价金额，单位为元；

2 单方造价指标是指每个费用项目的工程规模的工程造价，单位应按其建设项目的特性确定；

3 占比是指每个费用项目的金额占工程造价的比例，以百分比表示。

9.2.6 对本条规定的说明如下：

1 造价是指每个分部工程的造价，单位为元；

2 单方造价指标的计算方法是分部工程的造价除以该单位工程的工程规模，单位应按其所属工程类别描述；

3 占比是指分部工程的造价占单位工程的造价比例和单位工程造价占单项工程造价比例，以及工程造价构成中人工费、材料费、机械费、综合费、规费、措施项目费、税金等所占的比例，以百分比表示，其中综合费应是企业管理费和利润费用之和。

9.2.7 描述的工程量指标，应根据各单位工程的规定描述单位，未对单位做规定的应根据工程实际情况确定采用的单位。

9.2.8 描述的用量指标，应根据各单位工程的规定描述单位，未对单位做规定的应根据工程实际情况确定采用的单位。